經濟模型與 MATLAB應用

主　編 ◎ 孫雲龍、唐小英

前　言

　　本教材是編者在 20 年數學建模教學和指導學生參加數學建模競賽實踐經驗的基礎上，通過整理修改課程講稿、參考國內外相關文獻編寫而成。其內容包括：數學模型基本知識、代數模型、MATLAB 符號運算與繪圖、方程模型、MATLAB 程序設計、線性規劃模型、非線性規劃模型、概率模型、統計模型、圖論模型、體育模型、其他模型以及西南財經大學校內競賽賽題。

　　數學建模不是一門學科，而是一門課程，沒有明確的內容體系。目前中國出版發行的數學建模類教材至少有 200 種，內容均不相同，有些教材差異非常大甚至完全不相同。正是由於有這麼多差別，編者希望將自己對數學建模教學內容的理解以教材的形式反應出來。在本書的編寫過程中，編者做了以下嘗試：

　　(1) 努力突出數學建模的基本思想和基本方法。本教材通過介紹經濟管理、日常生活、科學技術中眾多數學模型的實例，系統、詳實地闡述了數學建模與數學實驗的基本理論和主要方法，以便學生在學習過程中能較好地認識現實問題與數理理論的橋樑關係，從總體上把握數學建模的思想方法。

　　(2) 在編寫思想、體系安排、內容取捨上，本教材力求最大限度地適應財經類各專業學習該課程和后續課程的需要，精選大量的經濟管理模型，並覆蓋教材的始終，做到每個專題都有經濟管理模型。

　　(3) 強調數學軟件的重要性，本教材對 MATLAB 軟件的應用進行了詳細的講解，特別是對編程方法的講解，包括算法思想、算法流程、代碼詳解。並且各類數學模型都涉及 MATLAB 的使用和編程，這在類似教材中是很難見到的。

　　(4) 本書配有電子資源，攬括書中所有 MATLAB 的 m 文件的源代碼，方便讀者學習使用。登錄連結 http://www.bookcj.com/download_content.aspx？id＝314 直接下載。

　　編者一直對學生承諾編寫一本與教學內容一致的數學建模教材，今日得以實現，倍感輕鬆。

　　本書既可作為各類學校、各專業學生數學建模課程的教材，也可作為參加數學建模競賽的輔導書。

　　本書雖通過認真編寫和修改，但限於作者水平所限，不妥之處在所難免，懇請讀者不吝指正。

編者

目 錄

第一章　數學模型基本知識 …………………………………………………（1）
　　第一節　什麼是數學模型 ………………………………………………（1）
　　第二節　數學建模實例 …………………………………………………（7）
　　第三節　MATLAB 軟件概述 …………………………………………（11）

第二章　代數模型 ……………………………………………………………（17）
　　第一節　MATLAB 矩陣運算 …………………………………………（17）
　　第二節　城市交通流量問題 ……………………………………………（24）
　　第三節　投入產出模型 …………………………………………………（27）

第三章　MATLAB 符號運算與繪圖 ………………………………………（34）
　　第一節　MATLAB 符號運算 …………………………………………（34）
　　第二節　MATLAB 圖形功能 …………………………………………（42）

第四章　方程模型 ……………………………………………………………（59）
　　第一節　MATLAB 求解方程 …………………………………………（59）
　　第二節　簡單物理模型 …………………………………………………（65）
　　第三節　人口模型 ………………………………………………………（67）

第五章　MATLAB 程序設計 ………………………………………………（80）
　　第一節　MATLAB 程序語言 …………………………………………（80）
　　第二節　哥德巴赫猜想 …………………………………………………（88）
　　第三節　個人所得稅問題 ………………………………………………（94）
　　第四節　貸款計劃 ………………………………………………………（99）

1

第六章　線性規劃模型 (103)
第一節　MATLAB 求解線性規劃 (103)
第二節　線性規劃實例 (107)
第三節　生產安排問題 (115)

第七章　非線性規劃模型 (121)
第一節　MATLAB 求解非線性規劃 (121)
第二節　選址問題 (125)
第三節　資產組合的有效前沿 (129)
第四節　MATLAB 求解的進一步討論 (134)

第八章　概率模型 (139)
第一節　MATLAB 概率計算 (139)
第二節　報童的訣竅 (143)
第三節　軋鋼中的浪費 (146)

第九章　統計分析模型 (150)
第一節　MATLAB 統計工具箱 (150)
第二節　牙膏銷售量 (160)
第三節　軟件開發人員的薪金 (166)
第四節　酶促反應 (173)

第十章　圖論模型 (180)
第一節　圖的一般理論 (180)
第二節　最小路徑問題及 MATLAB 實現 (184)
第三節　最優支撐樹問題及 MATLAB 實現 (191)

第十一章　體育模型 ……………………………………………………（195）
第一節　圍棋中的兩個問題 ……………………………………（195）
第二節　循環比賽的名次 ………………………………………（199）
第三節　運動對膝關節的影響 …………………………………（202）

第十二章　其他模型 ………………………………………………（207）
第一節　層次分析法 ……………………………………………（207）
第二節　動態規劃模型 …………………………………………（215）

附錄　西南財經大學校內競賽賽題 ………………………………（223）

第一章　數學模型基本知識

　　本章介紹數學模型、數學建模、經濟模型的基礎知識，並對 MATLAB 軟件進行簡單介紹。

第一節　什麼是數學模型

　　數學是一門重要的基礎學科，是各學科解決問題的一種強有力的工具，對這一工具的使用過程就是數學建模。

一、數學與數學教育

　　1.

　　數學（Mathematics）是研究數量、結構、變化、空間以及信息等概念的一門學科。數學是一門重要的基礎學科，在自然科學和社會科學中都占據十分重要的地位。數學是服務性學科，是各學科解決問題的一種強有力的工具，與現實的緊密聯繫是數學發展的原動力。

　　伽利略（Galileo，義大利數學家、物理學家、天文學家，1564—1642 年）：大自然是一本書，這本書是用數學寫的。

　　羅吉爾·培根（Roger Bacon）（英國自然科學家、哲學家，1214—1294 年）：數學是科學大門的鑰匙，忽視數學必將傷害所有的知識，因為忽視數學的人是無法瞭解任何其他科學乃至世界上任何其他事物的。更為嚴重的是，忽視數學的人不能理解他自己這一疏忽，最終將導致無法尋求任何補救的措施。

　　弗蘭西斯·培根（Francis Bacon）（英國散文作家、哲學家、政治家和法理學家，1561—1626 年）：歷史使人聰明，詩歌使人機智，數學使人精細，哲學使人深邃，道德使人嚴肅，邏輯與修辭使人善辯。

　　米山國藏（日本數學教育家）：學生在學校學的數學知識，畢業後若沒什麼機會去用，不到一兩年，很快就忘掉了。然而，不管他們從事什麼工作，唯有深深銘刻在頭腦中的數學的精神、數學的思維方法和研究方法、推理方法和看問題的著眼點等會隨時隨地發生作用，使他們終身受益。

　　E. 戴維（E. David）（美國尼克松總統的科學顧問）：被人如此稱頌的高技術本質上就是數學。

保羅·柯林斯（Paul Collins）（美國花旗銀行副總裁）：一個從事銀行業務而不懂數學的人，無非只能做些無關緊要的小事。

2. 教育

歷史地看，數學教育幾乎總是與各行各業密切聯繫在一起，只是隨著中學與大學的學院化，數學與現實的聯繫才被忽視或受到歪曲。美國數學家柯朗在其名著《數學是什麼》的序言中這樣寫道：「今天，數學的教學，逐漸流於無意義的單純演算習題的訓練，數學的研究，有過度專門化和過度抽象化的傾向，忽視了應用以及數學與其他領域之間的聯繫。」

一方面，數學以及數學的應用在世界的科學、技術、商業和日常生活中所起的作用越來越大；另一方面，數學科學的作用未被一般公眾甚至科學界充分認識，數學科學作為技術變化以及工業競爭的推動力的重要性也未被充分認識。《數學是什麼》於1941年初版，至今已70多年，數學教育的狀況並沒有根本改變。

事實上，人們正努力改變現狀。20世紀數學教育先後經歷了兩次全球性的大規模改革：一次是20世紀初的克萊因培利運動，另一次是20世紀50年代末的數學教育現代化改革運動蓬勃興起。兩次運動範圍之廣、影響之大都是史無前例的，改革的思想包括強調聯繫實際學習數學的重要性等。然而，這兩次改革均宣告失敗。

改革仍在繼續。20世紀末，數學教師全美協會強調：「設計數學教學大綱，必須以能幫助學生解決各種實際問題的數學方法來武裝學生。」1985年，由美國科學基金會、美國工業與應用數學學會、美國國家安全局等發起贊助美國數學建模競賽（Mathematical Contest in Modeling，MCM），創立該項比賽的目的就是為了吸引優秀學生關注數學應用。

3.

數學與經濟學的關係很特別。經濟管理類專業學生在學習數學時，普遍有兩個感覺：數學既「無用」又「不夠用」。一方面，學生會感覺所學的微積分、線性代數、概率論在經濟管理類課程中很少使用甚至不用；另一方面，許多學生特別是研究生，在閱讀一些科研論文尤其是國外研究前沿的科研論文時，發現自己所學的數學根本不夠用，學多少數學好像都不夠用。這是因為數學學科與許多理工學科是相互促進、互相滲透、共同發展的，在許多理工科的學習中能充分感受數學思維，比如「理論力學」就是數學。而經濟學科中的數學基本上是拿來主義，即在經濟定量分析研究中，尋找數學工具，建立模型，分析求解。因此我們認為，與理工科學生相比，數學模型對財經類學生更重要。

由於數學與經濟學的這種特殊關係，我們想要在經濟理論做深入研究就必須具有較好的數學基礎。諾貝爾獎中沒有數學獎，卻與數學有不解之緣。我們可以通過觀察諾貝爾經濟學獎獲得者可得到相關啟示。21世紀諾貝爾經濟學獎獲獎者如下：

2000年：詹姆斯·赫克曼（James J. Heckman），科羅拉多學院數學學士；丹尼爾·麥克法登（Daniel L. McFadden），明尼蘇達大學物理學士。

2001年：喬治·阿克爾洛夫（George A. Akerlof）；邁克爾·斯彭斯（A. Michael

Spence）牛津大學數學碩士；約瑟夫·斯蒂格利茨（Joseph E. Stiglitz）。

2002年：丹尼爾·卡納曼（Daniel Kahneman），希伯來大學心理學與數學學士；弗農·史密斯（Vernon L. Smith）。

2003年：克萊夫·格蘭杰（Clive W. J. Granger），英國第一個經濟學數學雙學位、統計學博士；羅伯特·恩格爾（Robert F. Engle）。

2004年：芬恩·基德蘭德（Finn E. Kydland）；愛德華·普雷斯科特（Edward C. Prescott），數學學士。

2005年：托馬斯·克羅姆比·謝林（Thomas Crombie Schelling）；羅伯特·約翰·奧曼（Robert John Aumann），數學博士、數學碩士學位、數學博士、耶路撒冷希伯萊大學數學研究院教授、紐約州立大學斯坦尼分校經濟系和決策科學院教授以及以色列數學俱樂部主席、美國經濟聯合會榮譽會員等。

2006年：埃德蒙·菲爾普斯（Edmund S. Phelps）。

2007年：里奧尼德·赫維茨（Leonid Hurwicz），華沙大學法學碩士；埃克里·馬斯金（Eric S. Maskin），哈佛大學數學博士；羅杰·梅爾森（Roger B. Myerson），哈佛大學應用數學博士。三人均沒有經濟學學位。

2008年：保羅·克魯格曼（Paul Krugman）。

2009年：埃莉諾·奧斯特羅姆（Elinor Ostrom），政治學博士；奧利弗·威廉姆森（Oliver E. Williamson），高中就十分喜歡數學，麻省理工學院理學士、斯坦福大學工商管理碩士、卡內基-德梅隆大學經濟學哲學博士。

2010年：彼得·戴蒙德（Peter Diamond），耶魯大學數學學士、麻省理工學院經濟學博士；戴爾·莫滕森（Dale T. Mortensen）；克里斯托弗·皮薩里德斯（Christopher A. Pissarides）。

2011年：托馬斯·薩金特（Thomas J. Sargent）；克里斯托弗·西姆斯（Christopher A. Sims），哈佛大學數學學士。

2012年：埃爾文·羅斯（Alvin Roth），哥倫比亞大學運籌學學士、碩士、博士；羅伊德·沙普利（Lloyd Shapley），哈佛大學數學學士、博士。

2013年：尤金·法瑪（Eugene F. Fama），法文學士；拉爾斯·彼得·漢森（Lars Peter Hansen），猶他州立大學數學學士；羅伯特·希勒（Robert J. Shiller）。

2014年：讓·梯若爾（Jean Tirole），巴黎第九大學應用數學博士、麻省理工學院經濟學博士。

2015年：安格斯·迪頓（Angus Deaton），曾就讀於愛西堡Fettes學院，並在劍橋大學獲得他的學士、碩士和博士學位。他在劍橋大學的前兩年學習中，攻讀數學專業。

2016年：奧利弗·哈特（Oliver Hart），劍橋大學國王學院數學學士學位；本特·霍爾姆斯特倫（Bengt Holmstroöm），赫爾辛基大學數學學士學位、斯坦福大學運籌學碩士學位。

二、數學模型

1. 模型

模型（Model）的概念應用極其廣泛。

最常見的是實物模型，通常是指依照實物的形狀和結構按比例製成的物體。比如玩具、手辦、戶型模型、機械模型、城市規劃模型等。

物理模型，主要指為了一定目的根據相似原理構造的模型。比如機器人、航模飛機、風洞等。

結構模型，主要反應系統的結構特點和因果關係，最常見的就是圖模型。比如地圖、電路圖、分子結構圖等。

其他模型，比如工業模型、仿真模型、3D模型、人力資源模型、思維模型等。

模型是為了一定目的對客觀事物的一部分進行簡縮、抽象、提煉出來的原型的替代物，模型集中反應了原型中人們需要的那一部分特徵。對於一個原型，根據目的不同，可以建立多個截然不同的模型。而對於同一目的，由於考查方面不同，採用的方法不同，也會得到不同的模型。

2. 模型

數學模型（Mathematical Model）是近些年發展起來的新學科，是數學理論與實際問題相結合的一門科學。它將現實問題歸結為相應的數學問題，並在此基礎上利用數學的概念、方法和理論進行深入的分析和研究，從而從定性或定量的角度來刻畫實際問題，並為解決現實問題提供精確的數據或可靠的指導。

數學模型沒有一個統一的定義。姜啓源教授對數學模型的解釋是：「對於一個現實對象，為了一個特定目的，根據其內在規律，做出必要的簡化假設，運用適當的數學工具，得到的一個數學結構。」建立數學模型，包括表述、求解、解釋、檢驗等的全過程稱為數學建模。

數學模型具有這樣幾個特徵：

（1）溝通現實世界與數學之間的橋樑。

（2）一種抽象模型，區別於具體模型。

（3）數學結構，如數學符號、數學公式、程序、圖、表等。

3. 建模的一般步

問題分析：瞭解問題背景，明確建模目的，掌握必要信息。

模型假設：根據對象的特徵和建模目的，做出必要、合理的簡化和假設。模型假設既要反應問題的本質特徵，又能使問題得到簡化，便於進行數學描述。

建立模型：在分析和假設的基礎上，利用合適的數學工具去刻畫各變量之間的關係，把問題轉化為數學問題。建立模型的方法包括機理分析法、測試分析法、計算機模擬等，常見模型包括函數模型、幾何模型、方程模型、隨機模型、圖論模型、規劃模型等。

模型求解：利用數學方法求解得到的數學模型，即應用數學理論求解，特別是計算方法理論，借助計算機求解。

模型分析：結果分析、數據分析。常見的分析內容包括變量之間的依賴關係或穩定性態、數學預測、最優決策控制等。

模型檢驗：分析所得結果的實際意義，與實際情況進行比較，看是否符合實際，如果結果不夠理想，應該修改、補充假設或重新建模。有些模型需要經過多次反覆修改，不斷完善。

模型應用：建模的最終目的就是實際應用。

三、數學建模競賽

1. 三大賽事

通常數學建模競賽是指美國大學生數學建模競賽、全國大學生數學建模競賽、全國研究生數學建模競賽三大賽事。

美國大學生數學建模競賽（MCM/ICM）是一項國際性的學科競賽，在世界範圍內極具影響力，為現今各類數學建模競賽之鼻祖。MCM/ICM 是 Mathematical Contest in Modeling 和 Interdisciplinary Contest in Modeling 的縮寫，即數學建模競賽和交叉學科建模競賽。MCM 始於 1985 年，ICM 始於 2000 年，由美國數學及其應用聯合會（the Consortium for Mathematics and Its Application，COMAP）主辦，得到了美國工業和應用數學學會（Society for Industry and Applied Mathematics，SIAM）、美國國家安全局（National Security Agency，NSA）、運籌與管理科學學會（Institute for Operations Research and the Management Sciences，INFORMS）等多個組織的贊助。MCM/ICM 著重強調研究問題、解決方案的原創性、團隊合作、交流以及結果的合理性。近幾年，每年均有來自美國、中國、加拿大、芬蘭、英國等國家和地區的近萬支隊伍參加，包括來自哈佛大學、普林斯頓大學、西點軍校、麻省理工學院、清華大學、北京大學、浙江大學等國際知名高校學生參與此項賽事角逐。

全國大學生數學建模競賽由教育部高教司和中國工業與應用數學學會聯合主辦，創辦於 1992 年，每年一屆，目前已成為全國高校規模最大的基礎性學科競賽，也是世界上規模最大的數學建模競賽。二十多年來，全國大學生數學建模競賽得到了飛速發展，已經成為「推進素質教育、促進創新人才培養的重大品牌競賽項目」（教育部高教司張大良司長在全國大學生數學建模競賽 20 周年慶典暨 2011 年頒獎儀式上的致辭）。近幾年，每年均有來自全國 33 個省、市、自治區（包括香港和澳門特區）以及新加坡、美國的高等院校的數萬名大學生報名參加本項競賽。

全國研究生數學建模競賽是一項面向全國研究生群體的學術競賽活動，創辦於 2004 年，2006 年被列為教育部研究生教育創新計劃項目之一。從 2013 年起，該競賽作為「全國研究生創新實踐系列活動」主題賽事之一，由教育部學位與研究生教育發展中心主辦。該項賽事是廣大研究生探索實際問題、開展學術交流、提高創新能力和培養團隊意識的有效平臺。近幾年，每年均有來自全國 30 個省、市、自治區的數千支研

究生隊成功參賽，參賽規模歷年均創新高。

此外，還有許多類似的比賽，如蘇北數學建模聯賽、華中數學建模競賽、華東地區大學生數學建模邀請賽、東北三省數學建模競賽、中國電機工程學（電工）盃數學建模競賽、數學中國數學建模網路挑戰賽、數學中國數學建模國際賽等。目前，相當數量的學校已開始舉辦「數學建模校內賽」。

2. 建模是一新平

中國大學生的數學建模競賽活動是從北京大學、清華大學、北京理工大學等共4個隊於1989年參加美國數學建模競賽開始的。從那時起，數學建模競賽活動在中國高校中得到迅速發展。1992年由中國工業與應用數學學會數學模型專業委員會組織舉辦了中國10城市的大學生數學模型聯賽。教育部領導及時發現並扶植、培育了這一新生事物，決定從1994年起由教育部高教司和中國工業與應用數學學會共同主辦全國大學生數學建模競賽，每年一屆，至今已二十多年，競賽的規模以平均年增長25%以上的速度發展。

以數學建模競賽為主體的數學建模活動實際上是一種規模巨大的教育教學改革的實驗，數學建模實踐活動已成為培養高素質人才的創新實踐平臺，在此平臺上可以全面、系統地培養學生的各種能力。在中國甚至世界範圍內，尚沒有哪一門數學課程、哪一項活動、哪一項學科性競賽能取得如此迅猛的發展，能夠在培養學生能力上起到如此大的作用。中國高等教育學會會長周遠清教授曾用「成功的高等教育改革實踐」給以評價。李大潛、陳永川、徐宗本、袁亞湘、曾慶存、谷超豪、江伯駒、張恭慶、王選、劉應明等許多中國科學院和中國工程院院士以及教育界的專家在參加為數學建模競賽舉辦的活動時，均對這項競賽給予熱情關心和很高的評價。

首先，數學建模競賽活動是提高學生綜合素質的有效途徑。

數學建模是溝通現實世界和數學科學之間的橋樑，是數學走向應用的必經之路。它強調的是解決實際問題，以實際問題為載體，通過綜合運用經濟、數學等各方面的知識，利用計算機等先進技術手段，用數學的方法解決現實社會中的各種問題。通過數學建模活動的開展，有利於培養大學生的創造能力和創新意識，有利於培養大學生的組織協調能力，有利於培養和提高大學生的自學能力，有利於培養和提高大學生使用計算機的能力，有利於培養大學生嚴謹的治學態度，有利於增強大學生的適應能力，有利於磨煉大學生的意志和增強鍛煉身體的意識，有利於提高大學生的綜合素質。

其次，以數學建模為主體的教學活動推動了數學教學內容、方法、手段改革的日趨完善。

以大學生數學建模為主體的數學建模教學活動實際上是一種不打亂教學秩序的、規模相當大的大學生數學教育改革的試驗，是中國一項成功的高等教育改革實踐，為高等學校應該培養什麼人、怎樣培養人做出了重要的探索，為提高學生綜合素質提供了一個範例。關於大學應設置什麼樣的課程，雖然尚不能有定論，但從已經在國內廣泛開設的數學建模課來看，大學生數學建模競賽已經對課程設置產生了實質性的影響。更可喜的是，許多教師在自己開設的課程中力圖滲透數學建模的思想，並取得了很好

的教學效果。在1997—2014年的五屆普通高等學校國家級教學成果獎中，與數學建模和數學實驗直接相關的成果共有13項；截至2014年，在國家級精品課程中，數學建模和數學實驗課程有12門。

最後，讓數學建模競賽活動成為一個創新實踐平臺。

數學建模如果只停留在單獨設課、舉行競賽的層面上，不僅其受益面受到很大限制，而且不能深入到數學教育的核心中去。在西南財經大學，數學建模活動已形成了以「普及發動、課堂教學、課外實踐」為特色的教學模式，其獨特的實踐環節吸引了一大批各專業學生。每年為全校學生舉辦的數學建模課題講座，用微積分、簡單微分方程、線性代數等大學一年級新生已經掌握的數學知識講解數學建模在解決生產實際問題中的作用，使困惑於「學數學究竟有什麼用」的學生豁然開朗，並對數學建模產生了濃厚的興趣。本科生、研究生的數學建模課程的選修率名列前茅，是學校影響最大的課程之一。每年的建模培訓與建模競賽備受學生矚目，許多學生踴躍報名，要求參賽。由此可以看出，數學建模活動的深入開展具有廣泛的群眾基礎，其獨特的教育教學方式吸引了大批優秀學生，學校、教師通過努力探索，可以使之成為一個創新實踐平臺。

許多參加數學建模競賽的同學均感到「一次參賽，終身受益！」

第二節　數學建模實例

本節給出兩個數學建模實例，重點說明如何做出合理、簡化假設，用數學語言表述實際問題，用數學理論解決問題以及結果的實際意義。

一、椅子放穩問題

1.

四只腳的椅子在不平的地面上，通過調整位置，使四只腳同時著地。

分析：四只腳的椅子在不平的地面上放置，通常只有三只腳著地，放不穩，然而只需稍微挪動幾次，就可能使四只腳同時著地，就放穩了。這個看來似乎與數學無關的現象能用數學語言給以表述，並用數學工具來證實嗎？

2. 模型假

注意：我們並不研究所有的椅子和任意地面，我們需要明確要研究的對象和簡化研究的問題，對椅子和地面做一些必要的假設：

（1）椅子：方形，四條腿一樣長，椅腳與地面接觸處可視為一個點，四腳的連線呈正方形。

（2）地面：高度是連續變化的，沿任何方向都不會出現間斷（沒有像臺階那樣的情況），即地面可視為數學上的連續曲面。

（3）動作：將椅子放在地面上，對於椅腳的間距和椅腳的長度而言，地面是相對

平坦的，使椅子在任何位置至少有三只脚同時著地。

3. 模型建立

模型構成的中心問題是用數學語言把椅子四只脚同時著地的條件和結論表示出來。在這裡，我們研究方椅沿椅脚連線正方形的中心旋轉的情形下椅子的狀態變化。

(1) 椅子的位置的描述

根據模型假設中的假設（1），椅脚連線成正方形，以中心為對稱點，正方形的中心的旋轉正好代表了椅子位置的改變，於是可以用旋轉角度 θ 這一變量表示椅子的位置。如圖 1-1 所示。

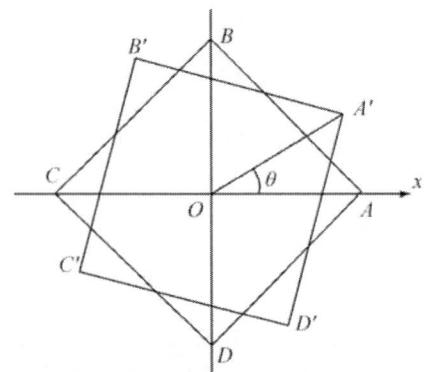

圖 1-1　椅脚位置平面示意圖

椅脚連線為正方形 $ABCD$，對角線 AC 與 x 軸重合，椅子繞中心點 O 旋轉角度 θ 后，正方形 $ABCD$ 轉至 $A'B'C'D'$ 的位置，所以對角線 AC 與 x 軸的夾角 θ 表示了椅子的位置。

椅脚著地用數學語言來描述就是：距離。由於椅子有四只脚，因此有四個距離，由正方形的中心對稱性可知，只要設兩個距離函數即可。

設 f 為 AC 兩脚與地面距離之和，g 為 BD 兩脚與地面距離之和。顯然 f、g 是旋轉角度 θ 的函數，於是，兩個距離可表示為 $f(\theta)$、$g(\theta)$。

(2) 模型

根據假設（2），f、g 是連續函數。根據假設（3），椅子在任何位置至少有三只脚著地，因此對於任意的 θ，$f(\theta)$、$g(\theta)$ 至少有一個為零。

不妨設當 $\theta = 0$ 時，$g(\theta) = 0$，$f(\theta) > 0$。

於是，改變椅子的位置使四只脚同時著地問題就歸結為證明如下的數學命題：

已知 $f(\theta)$、$g(\theta)$ 是 θ 的連續函數，對任意 θ，$f(\theta) g(\theta) = 0$，且 $g(0) = 0$，$f(0) > 0$。證明存在 θ_0，使 $f(\theta_0) = g(\theta_0) = 0$。

4. 模型求解

上述命題有多種證明方法，這裡介紹其中比較簡單，但是有些粗糙的一種。

令 $h(\theta) = f(\theta) - g(\theta)$，則：$h(\theta)$ 為連續函數

當 $\theta = 0$ 時，$h(0) = f(0) > 0$

將椅子旋轉 90^0，對角線 AC 與 BD 互換，$\theta = \dfrac{\pi}{2}$

$h(\dfrac{\pi}{2}) = f(\dfrac{\pi}{2}) - g(\dfrac{\pi}{2}) = g(0) - f(0) = -f(0) < 0$

於是：$h(\theta)$ 為閉區間 $\left[0, \dfrac{\pi}{2}\right]$ 上的連續函數，其端點異號。

由零點存在定理，得

存在 θ_0，使 $h(\theta_0) = 0$

∵ 對任意 θ，$f(\theta) g(\theta) = 0$

∴ $f(\theta_0) = g(\theta_0) = 0$

結論：椅子一定能夠放穩。

5.

面對實際問題時，我們並沒有馬上看見數學，而是在建模的過程中逐步將數學語言引入的。

這個模型的巧妙之處在於用一元變量 θ 表示椅子的位置，用 θ 的兩個函數表示椅子四腳與地面的距離，進而把模型假設和椅腳同時著地的結論用簡單、精確的數學語言表達出來，構成了這個實際問題的數學模型。

由此可以看出，在模型建立過程中，有一些討論我們粗糙帶過，比如四個距離變成兩個距離等，這也是建模的常用方法。

二、商人過河問題

1.

三名商人各帶一個隨從乘船過河，河中只有一只小船，小船只能容納兩人，由乘船者自己劃船。隨從們密約，在河的任何一岸，一旦隨從的人數比商人多，就殺人越貨，但是乘船渡河的大權掌握在商人們手中，商人們怎樣才能安全渡河呢？

分析：這是一個智力遊戲題，其中，商人明確知道隨從的特性。該問題求解本不難，可以使用數學模型求解，目的是顯示數學建模解決實際問題的規範性與廣泛性。

顯然這是一個構造性問題，虛擬的場景已經很明確簡潔了，不需要再做假設，最多只做符號假設。

原問題為多階段決策問題，使用向量的概念可較好地刻畫各階段的狀態和變化。

2. 模型建立

令第 k 次渡河前此岸，商人數、隨從數為 x_k，y_k，其中 $k = 1, 2, \cdots$

定義狀態向量：$s_k = (x_k, y_k)$

稱 s_k 的安全條件下的取值範圍為允許狀態集 S。

$S = \{(x, y) | x = 0, y = 0, 1, 2, 3; x = 3, y = 0, 1, 2, 3; x = y = 1, 2\}$

定義一次渡船上的商人數和隨從數為決策：$d_k = (u_k, v_k)$

稱 d_k 的取值範圍為允許決策集 D。

$D = \{(u, v) | u + v = 1, 2\}$

每次渡河產生狀態改變，狀態改變律為：

$s_{k+1} = s_k + (-1)^k d_k$

問題：求決策序列

$d_1, d_2, \cdots, d_n$

使 $s_1 = (3, 3)$ 通過有限步 n 到達 $s_{n+1} = (0, 0)$。

3. 模型求解

模型是遞推公式，非常適合計算機編程搜索。不過，在這裡我們採用數學上的一種常用方法求解：圖解法。

在平面直角坐標系中，用方格點代表狀態 $s_k = (x_k, y_k)$，如圖 1-2 所示。

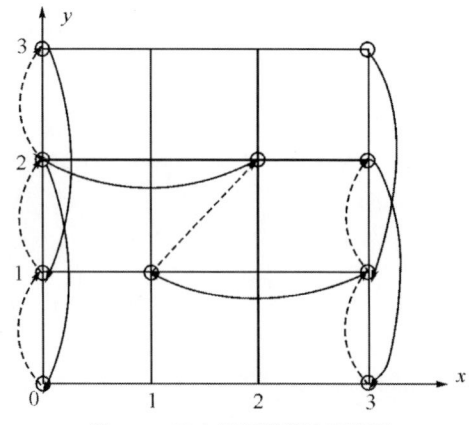

圖 1-2 商人過河圖解法示意圖

其中：允許狀態點用「○」表示。

決策：沿方格線在允許狀態點之間移動 1~2 格。其中：當 k 為奇數時，決策為渡河，向左、下方移動；當 k 為偶數時，決策為渡河，向右、上方移動。要確定一種移動方式，使狀態 $s_1 = (3, 3)$ 通過有限步 n 到達原點 $s_{n+1} = (0, 0)$。

圖 1-2 給出了一種移動方案。這個結果很容易翻譯成實際的渡河方案。

4.

此問題的求解方法很典型，建立指標體系、變量符號化、確定變量關係、尋找求解方法。在解決實際問題特別是經濟、社會問題使用定量分析方法時，常常使用這種方法進行數學建模。

本問題共有兩個結果，讀者可使用此方法尋找另一個結果。

第三節　MATLAB 軟件概述

一、MATLAB 軟件簡介

1.

　　數學實驗就是以計算機為儀器，以軟件為載體，通過實驗體會數學理論、解決實際中的數學問題的一種方法。數學實驗是計算機技術和數學、軟件引入教學後出現的新事物，目的是為了提高學生學習數學的積極性，提高學生對數學的應用意識並培養學生用所學的數學知識和計算機技術去認識問題和解決實際問題的能力。不同於傳統的數學學習方式，數學實驗強調的是以學生動手為主的數學學習方式。

　　通常我們所說的數學實驗是指數學軟件的使用，目前較流行的通用數學軟件包括 MATLAB、Mathematica、Maple 等，它們均具有符號運算、數值計算、圖形顯示、高效編程的功能。除此之外，還有一些專業的數學軟件，包括統計軟件 Spss、Sas 以及規劃軟件 Lindo、Lingo 等。

　　這些軟件各有特點，本書主要介紹 MATLAB 軟件的使用。

2. MATLAB 件的特徵

　　作為全世界最著名的通用數學軟件，MATLAB 實現了我們通常教學中的幾乎所有計算功能，並且超出我們的預期，比如我們無法對 $\int_0^1 \frac{\sin(x)}{x}dx$ 積分，但 MATLAB 可以。如果我們想大量應用數學模型，但又不具有較強的數學理論知識，推薦使用 MATLAB。

　　從矩陣運算起步的 MATLAB 軟件，具有非凡的數值運算特別是矩陣運算能力，有大量簡捷、方便、高效的函數或表達式實現其數值運算功能。在這方面，MATLAB 具有其他軟件無法比擬的優勢。比如求一個 1 000 階矩陣的逆矩陣，MATLAB 只需要 0.08 秒。

　　MATLAB 具有其獨特的圖形功能，它包含了一系列繪圖指令以及專門工具，其獨有的數值繪圖功能，可以為面對大量數據的經濟研究提供強大支持。

　　MATLAB 是一種面向科學與工程計算的高級語言，它允許用數學形式的語言編寫程序，且比其他計算機語言更加接近我們書寫計算公式的思維方式，其程序語言簡單明瞭，程序設計自由度大，易學易懂，沒有編程基礎的研究者也可以很快掌握 MATLAB 編程方法。獨立的 m 文件窗口設計，把編輯、編譯、連接和執行融為一體，操作靈活，輕鬆實現快速排除輸入程序中的書寫錯誤、語法錯誤及語意錯誤。特別是 MATLAB 不僅有很強的用戶自定義函數的能力，還有豐富的庫函數可以直接調用，使我們可以迴避許多複雜的算法設計，MATLAB 是一個簡單高效的編程平臺。

　　MATLAB2015 占用計算機的硬盤存儲空間是 7.4G，這從一個側面反應了軟件內部功能的巨大，特別是 MATLAB 強大的工程研究工具。目前 MATLAB 內含 80 多個工具

箱，每一個工具箱都是為某一類學科專業和應用而定制的，這些工具箱都是由該領域內學術前沿的專家編寫設計，全世界的科學家在為 MATLAB 服務。

良好的開放性是 MATLAB 最受人們歡迎的特點之一。除內部函數以外，所有 MATLAB 的核心文件和工具箱文件都是可讀可改的源文件，用戶可對源文件進行二次開發，使之更加符合自己的需要。

由於 MATLAB 的應用幾乎囊括所有學科，使得 MATLAB 具有豐富的網路資源。比如你想編寫一個整數規劃函數，只需在網上搜索，即可得到許多免費支持，你要做的就是——讀懂、判別、消化、修改，使之成為自己的資源。

3. MATLAB 件 用探

MATLAB 軟件是進行高等數學教學的強大輔助工具。在包括微積分、線性代數、概率統計等的高等數學教學活動中，我們一直面臨著兩難選擇：一方面，面對日常教學和考試，學生需要進行大量的數學技巧訓練；另一方面，面對後續課程，學生需要掌握較好的數學思維和基本的計算方法，在有限的學時內實現上述兩方面是很困難的。MATLAB 為我們提供了這種可能性，即只需很少的學習時間來掌握 MATLAB，讓不過分追求數學技巧的學生從繁雜的計算中解放出來，把數學建模和數學實驗的思想引入他們的課程中，既是有益的也是有效的。目前，在許多高校本科生、研究生中均開設有「應用數學軟件」類的課程供學生選修。

MATLAB 軟件是進行數學建模的必備工具。數學模型是指通過抽象和簡化的方式，使用數學語言對實際對象進行刻畫，使人們更簡明、深刻地認識所研究的對象的一種方法。數學建模包括建立數學模型的全過程，主要包括兩個方面：建立數學模型、求解數學模型。於是數學建模求解工具，即數學軟件成為必要。MATLAB 以其簡潔高效的編程語言、豐富的計算函數使其成為數學建模工具的首選。

MATLAB 軟件是進行科學研究的強大工具。MATLAB 工具箱幾乎囊括了所有可計算類學科，而科學研究涉及大量數學模型，使 MATLAB 成為各類課程教學與研究的基本工具。例如，在經濟學科中，為了解決現代金融中的計算問題，MathWorks 公司集結了一批優秀的金融研究開發人員，開發了包括 Financial Toolbox、Financial Derivatives Toolbox、Financial Time Series Toolbox、Fixed-Income Toolbox 等系列的金融工具箱，幾乎涵蓋了所有金融問題，其功能目前仍在不斷擴大。在歐美國家，MATLAB 已成為金融工程人員的密切夥伴，世界上超過 2 000 多家金融機構運用 MATLAB 進行研究分析、評估風險，有效管理公司資產，如國際貨幣基金組織、摩根士丹利等頂級金融機構都是 MathWorks 公司的註冊用戶。

二、MATLAB 軟件基本操作

1. MATLAB 件的 行界面

MATLAB 的工作界面採用微軟的窗口界面形式，見圖 1-3。

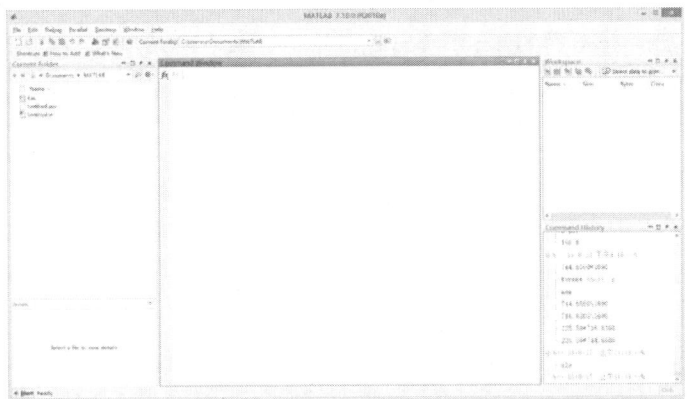

圖 1-3　MATLAB 軟件的工作界面

主窗口中包含許多子窗口，如命令窗口（Command Window）、歷史窗口（Command History）、當前目錄窗口（Current Directory）、工作空間管理窗口（Workspace），這些子窗口均可以進行最小化、最大化、解鎖、關閉。可以在命令窗口輸入指令，運算結果顯示在命令窗口之中。

2. MATLAB　件的基本操作

（1）基本計算

MATLAB 是一個超級計算器，可以直接在命令窗口中以平常慣用的形式輸入，如輸入：

456456 * 145678131/456456123

按回車鍵（Enter）顯示結果如下：

ans =

1.4568e+005

這裡「ans」是指當前的計算結果，若計算時用戶沒有對表達式設定變量，系統就自動賦當前結果給「ans」變量。

該結果是 MATLAB 科學記數法的一種顯示格式，代表：

1.4568×10^5

事實上，MATLAB 保存在內存中的計算結果比顯示結果更精確，不同版本精確度有一定差別，可以通過改變 MATLAB 的顯示格式或使用 vpa 指令顯示更精確的結果。例如，輸入：

vpa（ans，30）

結果如下：

ans =

145678.091744507051771506667137

（2）變量

變量是任何程序設計語言的基本要素之一，MATLAB 語言當然也不例外。與常規

的程序設計語言不同的是，MATLAB 既不要求事先對所使用的變量進行聲明，也不需要指定變量類型，MATLAB 語言會自動依據所賦予變量的值或對變量所進行的操作來識別變量的類型。在賦值過程中如果賦值變量已存在時，MATLAB 語言將使用新值代替舊值，並以新值類型代替舊值類型。

在 MATLAB 語言中，變量的命名應遵循如下規則：

‧變量名必須是不含空格的單個詞。

‧變量名區分大小寫。

‧變量名有字符個數限制，不同版本有差別。

‧變量名必須以字母打頭，之後可以是任意字母、數字或下劃線，變量名中不允許使用標點符號。

MATLAB 語言本身也具有一些預定義的變量，這些特殊的變量稱為常量。表 1-1 給出了 MATLAB 語言中經常使用的一些常量符號。

表 1-1　　　　　　　　MATLAB 語言的常用常量符號表

常量符號	表示數值
ans	結果缺省變量名
pi	圓周率
eps	浮點運算的相對精度
inf	正無窮大
NaN	表示不定值
i, j	虛數單位
realmin	最小浮點數
realmax	最大浮點數
nargin	所用函數的輸入變量數目
nargout	所用函數的輸出變量數目

例如，輸入：

vpa（pi，100）

結果如下：

ans =

3.141592653589793238462643383279502384197169399375105820974944592307816406286208998628034875342117067

有兩個指令經常使用：

clc　　清屏

clear　　清除變量，釋放內存

(3) 運算符及標點

MATLAB 中不同的標點具有不同的意義，MATLAB 允許算術運算、關係運算、邏

輯運算等，並具有特定的運算符。具體使用見表 1-2。

表 1-2　　　　　　　　　　　MATLAB 軟件運算符表

	運算符	功能	運算符	功能
標點	,	分隔符	;	不顯示結果
	:	間隔	…	續行
	%	註釋		
算術運算符	+	加	-	減
	*	乘	/	除
	^	乘方	\	左除
	.*	點乘	./	點除
	.^	點次方	.\	點左除
關係運算符	==	等於	~=	不等於
	>	大於	<	小於
	>=	大於等於	<=	小於等於
邏輯運算符	|	邏輯或	&	邏輯與
	~	邏輯非		

例如，輸入：

456>789

結果如下：

ans =

　　0

習題一

1. 本章第二節「椅子放穩問題」中，若將假設條件中四腳的連線呈正方形改為呈長方形，其餘不變，試建模求解。

2. 本章第二節「商人過河問題」中，

（1）若將假設條件部分更改，4 個商人和 4 個隨從過河，能否安全過河？

（2）若將假設條件部分更改，4 個商人和 4 個隨從過河，河中一船僅容 3 人。試建模求解，並確定有幾個結果。

（3）夫妻過河問題：有 3 對夫妻過河，船最多能載 2 人，條件是任一女子不能在其丈夫不在的情況下與其他男子在一起。如何安排三對夫妻過河？若船最多能載 3 人，5 對夫妻能否過河？

3. 使用 MATLAB 求解。

(1) $\dfrac{123 \times 456^{78}}{876 \times 543^{75}}$（保留到小數點后 10 位）

(2) $\sin(\dfrac{\pi}{5})$

(3) $\arcsin(0.5)$

(4) $\ln(2)$

第二章　代數模型

本章介紹 MATLAB 矩陣運算功能及其在數學建模中的應用。

第一節　MATLAB 矩陣運算

MATLAB 的基本數據單位是矩陣，具有強大的矩陣運算功能。

一、建立矩陣

1. 直接輸入法

MATLAB 中最簡單的建立矩陣的方法是從鍵盤直接輸入矩陣的元素：同一行中的元素用逗號「,」或者用空格符來分隔，空格個數不限；不同的行用分號「;」或回車分隔。所有元素處於方括號「［　］」內。

當矩陣是多維（三維以上）且方括號內的元素是維數較低的矩陣時，會有多重的方括號。矩陣的元素可以是數值、變量、表達式或函數。矩陣的尺寸不必預先定義。

例如，輸入：

［1 2 3；4 5 6；7 8 9］

運行結果如下：

ans =

　　1　　2　　3
　　4　　5　　6
　　7　　8　　9

註：MATLAB 代碼為 c01.m[①]。

2. 利用已有

MATLAB 語言也允許用戶調用在 MATLAB 環境之外定義的矩陣。最簡單的方式就是複製、粘貼。

此外，MATLAB 提供了一些讀取數據的指令，最常用的是 load 指令。其調用方法

[①] 代碼內容見本書配套電子資源，配套的電子資源攬括書中所有 MATLB 的 m 文件的源代碼，方便讀者學習使用。電子資源放置在西財出版網的出版資源欄，或者登錄連結 http：//www.bookcj.com/download_content.aspx？id＝314 直接下載。

為：load+文件名 [參數]。

例如，在工作路徑下，保存了一個 txt 文件，文件名為 data，內容為一個數據表：

0.9501　　0.6154　　0.0579　　0.0153　　0.8381
0.2311　　0.7919　　0.3529　　0.7468　　0.0196
0.6068　　0.9218　　0.8132　　0.4451　　0.6813

在 MATLAB 中，輸入：

load　data.txt
data

運行結果如下：

data =

0.9501　　0.6154　　0.0579　　0.0153　　0.8381
0.2311　　0.7919　　0.3529　　0.7468　　0.0196
0.6068　　0.9218　　0.8132　　0.4451　　0.6813

數據結果可以使用 save 指令保存下來。

例如，輸入並執行：

save data

內存中的變量將生成以 mat 為擴展名的文件並保存在工作路徑下。

3. 生成向量

在區間 [a, b] 上生成數據間隔相同的向量有兩種方式：

(1) 定步長　　a：t：b
(2) 等分　　　linspace (a, b, n)

例如，輸入：

x=0：3：10
y=linspace (0, 10, 11)

運行結果如下：

x =

　　0　　3　　6　　9

y =

　　0　　1　　2　　3　　4　　5　　6　　7　　8　　9　　10

4. 函　命令

在 MATLAB 中，提供了一些生成特殊矩陣的指令。

表 2-1　　　　　　　　　MATLAB 生成特殊矩陣的指令

指令	功能	指令	功能
[ ]	空矩陣	eye (m, n)	單位矩陣
zeros (m, n)	零矩陣	ones (m, n)	1 矩陣

表2-1(續)

指令	功能	指令	功能
rand（m，n）	均勻分佈隨機陣	randn（m，n）	正態分佈隨機矩陣
fix（m*rand（n））	整數隨機陣	randperm	1~n 隨機排列
magic（n）	幻方陣		

例如，輸入：

fix（10*rand（4））

運行結果如下：

ans =

    8   6   9   9
    9   0   9   4
    1   2   1   8
    9   5   9   1

註：MATLAB 代碼為 c03.m

二、操作矩陣

1. 元素定位

在 MATLAB 中，矩陣的操作從矩陣元素的定位開始。

表 2-2　　　　　　　　MATLAB 矩陣元素的定位方式

指令	功能	指令	功能
A（i，j）	i 行 j 列	A（i1：i2，j1：j2）	i1~i2 行、j1~j2 列
A（r，：）	第 r 行	A（：，r）	第 r 列
A（k，l）	擴充	A（[i，j]，：）	部分行
A（：，[i，j]）	部分列	A（[i，j]，[s，t]）	子塊

例如，輸入：

A = fix（10*rand（4））

A（2：3，：）

運行結果如下：

A =

    4   6   6   6
    9   0   7   1
    7   8   7   7
    9   9   3   0

ans =

9	0	7	1
7	8	7	7

註：MATLAB 代碼為 c04.m。

2. 矩 操作

在 MATLAB 中，矩陣的操作包括取值、更改、刪除、增加、拉伸、拼接等。

表 2-3　　　　　　　　　MATLAB 矩陣元素的一些操作方式

指令	功能	指令	功能
A（i1：i2，：）=［］	刪除 i1~i2 行	A（：，j1：j2）=［］	刪除 j1~j2 列
A（：）	拉伸為列	［A　B］	拼接矩陣
diag（A）	對角陣	triu（A）	上三角陣
tril（A）	下三角陣		

例如，輸入：

A=［1 2 3
　　4 5 6
　　7 8 9］

運行后，輸入：

A（3，3）=100

運行結果如下：

A =

1	2	3
4	5	6
7	8	100

輸入：

A（4，4）=100

運行結果如下：

A =

1	2	3	0
4	5	6	0
7	8	100	0
0	0	0	100

輸入：

A（3，:）=［］

運行結果如下：

A =

  1 2 3 0

  4 5 6 0

  0 0 0 100

輸入：

b＝［2 2 2 2］

［A；b］

運行結果如下：

b =

  2 2 2 2

ans =

  1 2 3 0

  4 5 6 0

  0 0 0 100

  2 2 2 2

輸入：

A（:）

運行結果如下：

ans =

  1

  4

  0

  2

  5

  0

  3

  6

  0

  0

  0

  100

練習：說出 MATLAB 運行結果。

x＝-3：3

y1＝abs（x）>1

y2＝x（［1 1 1 1］）

y3＝x（abs（x）>1）

（x>0）＆（x<2）

x（abs（x）>1）=［ ］

註：MATLAB 代碼為 c05. m。

說明：MATLAB 矩陣有多種應用，試觀察下列指令運行結果：

d1 =［exp（3＊i）；3＊4］

d2 =［'abs' 4 56］

syms x y

d3 =［x^2 sin（x）］

d4 =｛1 2 3；4 5 6；7 8 9｝

d5 =｛1：3 'abs' ［56 76］｝

d5｛1｝

註：MATLAB 代碼為 c06. m。

三、矩陣運算

1. 基本　算

在 MATLAB 中，矩陣的基本算術運算有：加「＋」、減「－」、乘「＊」、右除「／」、左除「\」、乘方「^」、轉置「』」。

例如，輸入：

A =［1 2 3；4 5 6；7 8 9］；

A^2

運行結果如下：

ans ＝

　　30　　36　　42

　　66　　81　　96

　　102　　126　　150

註：MATLAB 代碼為 c07. m。

2.　　算

矩陣的乘積法則是「左行右列」，即兩矩陣的乘積矩陣的每個元素等於左矩陣的行和右矩陣的列對應乘積后之和。事實上，在 MATLAB 中，還有一種矩陣乘積運算，稱為對應乘積，其運算法則為「對應元素乘積」。運算符為「.＊」，又稱為點乘運算。

MATLAB 矩陣對應元素包括：點乘「.＊」、點除「./」、點除「.\」、點次方「.^」。

矩陣的一些函數運算，如 sin、cos、tan、exp、log、sqrt 等，是針對矩陣內部的每個元素進行的，也是對應運算。矩陣的關係運算、邏輯運算也是對應運算。

例如，輸入：

A =［1 2 3；4 5 6；7 8 9］；

A. ^2

運行結果如下：

ans =

1	4	9
16	25	36
49	64	81

3. 算

在 MATLAB 中，提供了一些矩陣運算的函數指令。見表2-4。

表2-4　　　　　　　　MATLAB 矩陣運算的常用函數指令

指令	功能	指令	功能
det（A）	行列式	inv（A）或 A^(-1)	逆
size（A）	階數	rank（A）	秩
[V, D]=eig（A）	特徵值與特徵向量	rref（A）	行階梯最簡式
orth（A）	正交化	trace（A）	跡
length	數組長度		

例如，輸入：

A=［1 2 3；4 5 6；7 8 19］；

det（A），inv（A），eig（A），[V, D]=eig（A）

運行結果如下：

ans =

　-30.0000

ans =

-1.5667	0.4667	0.1000
1.1333	0.0667	-0.2000
0.1000	-0.2000	0.1000

ans =

　23.1279
　-0.5382
　　2.4102

V =

-0.1565	-0.8534	-0.1768
-0.3413	0.5124	-0.8553
-0.9268	0.0959	0.4871

D =

23.1279	0	0
0	-0.5382	0

　　　　　　　　　0　　　　0　　2.4102

註：MATLAB 代碼為 c08.m。

第二節　城市交通流量問題

一、模型建立

1.　的提出

城市道路網中每條道路、每個交叉路口的車流量調查，是分析、評價及改善城市交通狀況的基礎。

某城市單行線如圖 2-1 所示，其中，數字表示該路段每小時按箭頭方向行駛的已知車流量（單位：輛），變量表示該路段每小時按箭頭方向行駛的未知車流量。

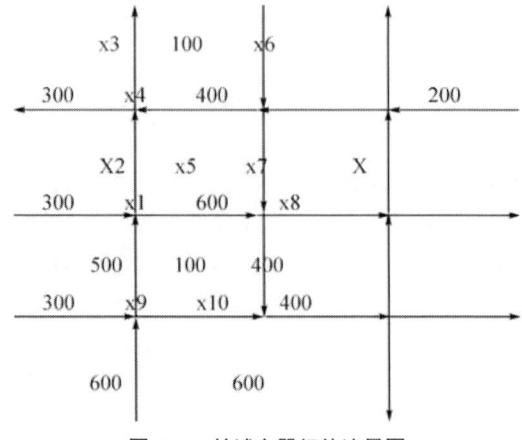

圖 2-1　某城市單行線流量圖

問題：

（1）建立模型確定每條道路的流量關係。

（2）哪些未知流量可以確定？

（3）為了確定所有未知流量，還需要增添哪幾條道路的流量統計？

2.　模型假

（1）每條道路都是單行線。

（2）每條區間道路內無車輛進出，車輛數保持一致。

（3）每個交叉路口進入和離開的車輛數目相等。

3.　模型建立

每條道路的流量關係為線性方程組：

$$\begin{cases} x_2 - x_3 + x_4 = 300 \\ x_4 + x_5 = 500 \\ -x_6 + x_7 = 200 \\ x_1 + x_2 = 800 \\ x_1 + x_5 = 800 \\ x_7 + x_8 = 1000 \\ x_9 = 400 \\ -x_9 + x_{10} = 200 \\ x_{10} = 600 \\ x_8 + x_3 + x_6 = 1000 \end{cases}$$

二、MATLAB 求解線性方程組

MATLAB 求線性方程組的方法或指令有多個，這裡只從矩陣運算的角度探討此問題。

1. 性方程

線性方程組的一般形式為：

$$\begin{cases} a_{11}x_1 + a_{12}x_2 + \cdots + a_{1n}x_n = b_1 \\ a_{21}x_1 + a_{22}x_2 + \cdots + a_{2n}x_n = b_2 \\ \cdots\cdots\cdots\cdots\cdots\cdots\cdots\cdots\cdots \\ a_{m1}x_1 + a_{m2}x_2 + \cdots + a_{mn}x_n = b_m \end{cases}$$

矩陣形式為：

$AX = b$：

$A = (a_{ij})_{m \times n} \quad b = (b_i)_{m \times 1}$

按方程數與未知數個數的關係劃分為恰定方程 n=m、欠定方程 n>m、超定方程 n<m。

2. 特解

MATLAB 求線性方程組的特解的方法較為簡單，為：

x = A \ b

註：當系數矩陣 A 為不可逆的方陣時，此方法失效。

3. 通解

MATLAB 求線性方程組的通解的方法要複雜一些：

先使用指令 rref（［A b］）將線性方程組的增廣矩陣化為簡化階梯形，而後使用自由變量的方法得到解的一般表達式。

若全部採用 MATLAB 求解線性方程組的通解，使用兩個指令：

求特解　　　　linsolve（A，b）

求導出組基礎解系　　null（A，'r'）

讀者可運行 MATLAB 代碼 c09.m 學習 MATLAB 求線性方程組的方法。

三、模型求解

1. 求解

線性方程組的增廣矩陣為：

$$\bar{A} = (Ab) = \begin{pmatrix} 0 & 1 & -1 & 1 & 0 & 0 & 0 & 0 & 0 & 0 & 300 \\ 0 & 0 & 0 & 1 & 1 & 0 & 0 & 0 & 0 & 0 & 500 \\ 0 & 0 & 0 & 0 & 0 & -1 & 1 & 0 & 0 & 0 & 200 \\ 1 & 1 & 0 & 0 & 0 & 0 & 0 & 0 & 0 & 0 & 800 \\ 1 & 0 & 0 & 0 & 1 & 0 & 0 & 0 & 0 & 0 & 800 \\ 0 & 0 & 0 & 0 & 0 & 0 & 1 & 1 & 0 & 0 & 1000 \\ 0 & 0 & 0 & 0 & 0 & 0 & 0 & 0 & 1 & 0 & 400 \\ 0 & 0 & 0 & 0 & 0 & 0 & 0 & -1 & 1 & 0 & 200 \\ 0 & 0 & 0 & 0 & 0 & 0 & 0 & 0 & 0 & 1 & 600 \\ 0 & 0 & 1 & 0 & 0 & 1 & 0 & 1 & 0 & 0 & 1000 \end{pmatrix}$$

將矩陣輸入 MATLAB 中，使用指令 rref（［A b］）可將增廣矩陣化為簡化階梯形。

註：MATLAB 代碼為 c10.m。

$$\bar{A} \rightarrow \begin{pmatrix} 1 & 0 & 0 & 0 & 1 & 0 & 0 & 0 & 0 & 0 & 800 \\ 0 & 1 & 0 & 0 & -1 & 0 & 0 & 0 & 0 & 0 & 0 \\ 0 & 0 & 1 & 0 & 0 & 0 & 0 & 0 & 0 & 0 & 200 \\ 0 & 0 & 0 & 1 & 1 & 0 & 0 & 0 & 0 & 0 & 500 \\ 0 & 0 & 0 & 0 & 0 & 1 & 0 & 1 & 0 & 0 & 800 \\ 0 & 0 & 0 & 0 & 0 & 0 & 1 & 1 & 0 & 0 & 1000 \\ 0 & 0 & 0 & 0 & 0 & 0 & 0 & 0 & 1 & 0 & 400 \\ 0 & 0 & 0 & 0 & 0 & 0 & 0 & 0 & 0 & 1 & 600 \\ 0 & 0 & 0 & 0 & 0 & 0 & 0 & 0 & 0 & 0 & 0 \\ 0 & 0 & 0 & 0 & 0 & 0 & 0 & 0 & 0 & 0 & 0 \end{pmatrix}$$

於是得到對應方程組：

$$\begin{cases} x_1 = 800 - x_5 \\ x_2 = x_5 \\ x_3 = 200 \\ x_4 = 500 - x_5 \\ x_6 = 800 - x_8 \\ x_7 = 1000 - x_8 \\ x_9 = 400 \\ x_{10} = 600 \end{cases}$$

所以，3 個未知流量 x_3, x_9, x_{10} 可以確定。

為了確定未知流量，需要增添兩條道路的流量統計，比如 x_5, x_8。

於是有：

$$x = \begin{pmatrix} 800 \\ 0 \\ 200 \\ 500 \\ 0 \\ 800 \\ 1000 \\ 0 \\ 400 \\ 600 \end{pmatrix} + k1 \begin{pmatrix} -1 \\ 1 \\ 0 \\ -1 \\ 1 \\ 0 \\ 0 \\ 0 \\ 0 \\ 0 \end{pmatrix} + k2 \begin{pmatrix} 0 \\ 0 \\ 0 \\ 0 \\ 0 \\ -1 \\ -1 \\ 1 \\ 0 \\ 0 \end{pmatrix}$$

其中：k_1, k_2 為 x_5, x_8 的值。

第三節　投入產出模型

一、問題的提出

1.

某地區有三個重要產業：煤礦、發電廠、地方鐵路。

經成本核算，每開採 1 元錢的煤，煤礦要支付 0.25 元電費、0.25 元運輸費；生產 1 元錢的電力，發電廠要支付 0.65 元煤費、0.05 元電費、0.05 元運輸費；創收 1 元錢的運輸費，鐵路要支付 0.55 元煤費、0.1 元電費。

在某一週內煤礦接到外地 50 000 元訂單，發電廠接到外地 25 000 元訂單，外界對地方鐵路沒有需求。

問題：

（1）三個企業一週內總產值各為多少才能滿足自身及外界需求？

（2）三個企業間相互支付多少金額？

（3）三個企業各創造多少新價值？

2. 分析

煤礦、電廠、鐵路之間相互依存，我們使用表格來表示，見表 2-5。

表 2-5　　　　　某地區煤礦、電廠、鐵路投入產出情況表　　　　　單位：元

	煤礦	電廠	鐵路	訂單	總產值	新創價值
煤礦	0	0.65	0.55	50 000	?	?

表2-4(續)

	煤礦	電廠	鐵路	訂單	總產值	新創價值
電廠	0.25	0.05	0.10	25 000	?	?
鐵路	0.25	0.05	0	0	?	?

解決此類問題的理論被稱為投入產出模型。

二、投入產出模型

1936年瓦醒·列昂季耶夫（Wassily Leontief）在研究多個經濟部門之間的投入產出關係時，提出了投入產出模型，並因此獲得了1973年的諾貝爾經濟學獎。

投入產出模型是反應國民經濟系統內各部門之間的投入與產出的依存關係的數學模型。投入是指各個經濟部門在進行經濟活動時的消耗，如原材料、設備、能源等；產出是指各經濟部門在進行經濟活動時的成果，如產品等。投入產出模型由兩部分構成：平衡表、平衡方程，分價值型和實物型。

1. 投入產出表

投入產出表是反應一定時期各部門間相互聯繫和平衡比例關係的一種平衡表。投入產出簡表見表2-6。

表2-6　　　　　　　　　投入產出表

投入＼產出		消耗部門				最終產品	總產品
		1	2	…	n		
生產部門	1	x_{11}	x_{12}	…	x_{1n}	y_1	x_1
	2	x_{21}	x_{22}	…	x_{2n}	y_2	x_2
	…	…	…	…	…	…	…
	n	x_{n1}	x_{n2}	…	x_{nn}	y_n	x_n
新增價值		z_1	z_2	…	z_n		
總產值		x_1	x_2	…	x_n		

2. 平衡方程

（1）產品分配：生產與分配使用情況

$$\sum_{i=1}^{n} x_{ij} + y_i = x_i, \ i = 1, 2, \cdots, n$$

其中，x_{ij}為部門間流量，y_i為最終產品，x_i為總產值。

（2）產品消耗或產值構成：價值形成過程

$$\sum_{i=1}^{n} x_{ij} + z_j = x_j, \ j = 1, 2, \cdots, n$$

其中，z_j為新創價值。

（3）綜合

$$\sum_{i=1}^{m} y_i = \sum_{j=1}^{n} z_j$$

3. 平衡方程的矩　形式

（1）直接消耗系數：代表部門間的單位流量

$$a_{ij} = \frac{x_{ij}}{x_j}$$

其中，a_{ij} 為直接消耗系數。

於是：$x_{ij} = a_{ij} x_j$

令：$A = (a_{ij})_n$，$X = \begin{pmatrix} x_1 \\ x_2 \\ \cdots \\ x_n \end{pmatrix}$，$Y = \begin{pmatrix} y_1 \\ y_2 \\ \cdots \\ y_n \end{pmatrix}$，$Z = \begin{pmatrix} z_1 \\ z_2 \\ \cdots \\ z_n \end{pmatrix}$

則有：

$$(x_{ij})_n = (a_{ij})_n \begin{pmatrix} x_1 & & & \\ & x_2 & & \\ & & \cdots & \\ & & & x_n \end{pmatrix}$$

（2）分配方程：

$$\sum_{i=1}^{n} x_{ij} + y_i = x_i,\ i = 1,\ 2,\ \cdots,\ n$$

$$\sum_{j=1}^{n} a_{ij} x_j + y_i = x_i$$

$$AX + Y = X$$

$$(E - A)X = Y$$

於是，總產出向量為：

$$X = (E - A)^{-1} Y$$

（3）消耗方程：

$$\sum_{i=1}^{n} x_{ij} + z_j = x_j,\ j = 1,\ 2,\ldots,\ n$$

$$\sum_{i=1}^{n} a_{ij} x_j + z_j = x_j$$

$$\left(1 - \sum_{i=1}^{n} a_{ij}\right) x_j = z_j$$

若令：

$$W = \begin{pmatrix} x_1 & & \\ & \ddots & \\ & & x_n \end{pmatrix},\ I = \begin{pmatrix} 1 \\ \vdots \\ 1 \end{pmatrix}^T$$

則有：

$(IAW)^T + Z = X$

於是，新創價值向量為：

$Z = X - (IAW)^T$

三、模型建立與求解

1. 模型

建立投入產出模型（投入產出表見表2-7）：

表 2-7　　　　　　　　　煤礦、電廠、鐵路投入產出表

投入 \ 產出	消耗部門			最終產品	總產品
	煤礦	電廠	鐵路		
生產部門 煤礦	x_{11}	x_{12}	x_{13}	5 000	x_1
電廠	x_{21}	x_{22}	x_{23}	25 000	x_2
鐵路	x_{31}	x_{32}	x_{33}	0	x_n
新增價值	z_1	z_2	z_n		
總產值	x_1	x_2	x_n		

$$A = \begin{pmatrix} 0 & 0.65 & 0.55 \\ 0.25 & 0.05 & 0.10 \\ 0.25 & 0.05 & 0 \end{pmatrix}, \quad Y = \begin{pmatrix} 50000 \\ 25000 \\ 0 \end{pmatrix}$$

求：

$$X = \begin{pmatrix} x_1 \\ x_2 \\ \cdots \\ x_n \end{pmatrix}, \quad Z = \begin{pmatrix} z_1 \\ z_2 \\ \cdots \\ z_n \end{pmatrix}$$

2. 求解

使用 MATLAB 求解。

首先，將矩陣 A，Y 輸入 MATLAB 中。

（1）三個企業一週的總產值

$X = (E - A)^{-1}Y$

在 MATLAB 中輸入：

X＝（eye（3）－A）\ Y

round（X）

運行結果如下：

ans =

　　102087

56163
　　28330

註：round 為四舍五入取整指令。

即煤礦、發電廠、地方鐵路一週的總產值分別為 102 087 元、56 163 元、28 330元。

（2）三個企業間相互支付的金額

$$(x_{ij})_n = (a_{ij})_n \begin{pmatrix} x_1 & & & \\ & x_2 & & \\ & & \cdots & \\ & & & x_n \end{pmatrix}$$

在 MATLAB 中輸入：

P = A * diag（X）

round（P）

運行結果如下：

ans =

0	36506	15582
25522	2808	2833
25522	2808	0

即煤礦支付煤礦、發電廠、地方鐵路的金額分別為 0 元、25 521 元、25 521 元，發電廠支付煤礦、發電廠、地方鐵路的金額分別為 36 505 元、2 808 元、2 808 元，地方鐵路支付煤礦、發電廠、地方鐵路的金額分別為 15 581 元、2 833 元、0 元。

（3）三個企業新創價值

$Z = X - (IAW)^T$

這個公式比較複雜，使用 MATLAB 可以更簡單。

在 MATLAB 中輸入：

Z = X '−sum（P）

round（Z）

運行結果如下：

ans =

　　51044　　　14041　　　9916

即煤礦、發電廠、地方鐵路一週內新創價值分別為 51 044 元、14 041 元、9 916 元。

註：MATLAB 代碼為 c11. m。

習題二

1. 使用 MATLAB 進行矩陣運算

設 $A = \begin{bmatrix} 1 & 1 & 1 & 1 \\ 1 & 1 & -1 & -1 \\ 1 & -1 & 1 & -1 \\ 1 & -1 & -1 & 1 \end{bmatrix}$，$B = \begin{bmatrix} 3 & -1 & 3 & -1 & -1 \\ -1 & 3 & -3 & 1 & 2 \\ 1 & 1 & 3 & 3 & 2 \\ 3 & 1 & 1 & -1 & 0 \end{bmatrix}$，$b = \begin{bmatrix} 1 \\ 2 \\ 0 \\ 3 \end{bmatrix}$

（1）求 Ab。

（2）取 B 的前 4 列為 C，計算 $A + C$，$A - \dfrac{C}{3}$，A 與 C 對應元素乘積。

（3）求 A 的行列式、逆矩陣、秩、特徵值、特徵向量。

（4）求 A 的伴隨矩陣。

（5）生成主對角線元素為 1 到 100，其餘元素均為 10 的 100 階方陣。

2. 使用 MATLAB 解　性方程

$B = \begin{bmatrix} 3 & -1 & 3 & -1 & -1 \\ -1 & 3 & -3 & 1 & 2 \\ 1 & 1 & 3 & 3 & 2 \\ 3 & 1 & 1 & -1 & 0 \end{bmatrix}$，$b = \begin{bmatrix} 1 \\ 2 \\ 0 \\ 3 \end{bmatrix}$

（1）求 $BX = b$ 特解。

（2）求 $BX = b$ 通解。

3. 使用 MATLAB　　3σ法

（1）生成 1 000 階標準正態隨機陣 $(a_{ij})_n$。

（2）計算元素 $|a_{ij}| < 3$ 的比例。

4. 設某工廠有三個車間，在某一個生產週期內各車間之間的直接消耗係數及最終需求見表 2-8。

表 2-8　　　　　車間直接消耗係數及最終需求表

直接車間消耗係數＼車間	一	二	三	最終需求（千元）
一	0.25	0.1	0.1	235
二	0.2	0.2	0.1	125
三	0.1	0.1	0.2	210

求：

（1）各車間的總產值。

（2）各車間之間相互支付的金額。

5. 表2-9給出的是某城市一年度的各部門之間產品消耗量和外部需求量（均以產品價值計算），表中每一行的數字是某一個部門提供給各部門和外部的產品價值。

表 2-9　　　　　　某城市各部門間產品消耗量和外部需求量訊息表　　　　單位：萬元

	農業	輕工業	重工業	建築業	運輸業	商業	外部需求
農業	45.0	162.0	5.2	9.0	0.8	10.1	151.9
輕工業	27.0	162.0	6.4	6.0	0.6	60.0	338.0
重工業	30.8	30.0	52.0	25.0	15.0	14.0	43.2
建築業	0.0	0.6	0.2	0.2	4.8	20.0	54.2
運輸業	1.6	5.7	3.9	2.4	1.2	2.1	33.1
商業	16.0	32.3	5.5	4.2	12.6	6.1	243.3

（1）試列出投入產出簡表，並求出直接消耗矩陣。

（2）根據預測，從這一年度開始的五年內，農業的外部需求每年會下降1%，輕工業和商業的外部需求每年會遞增6%，而其他部門的外部需求每年會遞增3%。試由此預測這五年內該城市和各部門的總產值的平均每年增長率。

（3）編製第五年度的計劃投入產出表。

第三章　MATLAB 符號運算與繪圖

本章介紹 MATLAB 符號運算功能和基本的繪圖功能。

第一節　MATLAB 符號運算

MATLAB 符號運算功能主要基於符號數學工具箱（Symbolic Math Toolbox），其核心代碼來源於數學軟件 Maple。

一、符號對象

MATLAB 中有許多數據類型，包括整型、浮點、邏輯、字符、日期和時間、結構數組、單元格數組、函數句柄以及符號型等。

符號運算有符號型、字符串兩種基本形式。

1. 感受符

例 3.1　在 MATLAB 中感受符號。

解　在 MATLAB 中，輸入：

y = x^2

運行后報錯，顯示紅色字體：

??? Undefined function or variable ' x '.

由此可以看出，MATLAB 中使用符號必須定義。

在 MATLAB 中，分別定義兩種符號表達式：

y = ' x^2 '　　%字符串

z = sym（' x^2 '）　　%符號型

運行結果顯示：

y =

　x^2

z =

x^2

若在 MATLAB 中繼續輸入：

y+1

z+1

運行結果顯示：

ans =

     121   95   51

ans =

x^2 + 1

若在 MATLAB 中，繼續輸入：

limit（y）   %計算函數在 0 點的極限

運行后報錯，顯示紅色字體：

??? Undefined function or method 'limit' for input arguments of type 'char'.

若在 MATLAB 中，繼續輸入：

limit（z）   %計算函數在 0 點的極限

運行結果顯示：

ans =

    0

若在 MATLAB 中，繼續輸入：

fplot（y,［-1, 1］）   %在［-1, 1］繪製函數圖形

運行后將會顯示函數圖形。

若在 MATLAB 中，繼續輸入：

fplot（z,［-1, 1］）   %在［-1, 1］繪製函數圖形

運行后報錯，顯示紅色字體：

??? Error using ==>fcnchk at 108

If FUN is a MATLAB object, it must havean feval method.

Error in ==>fplot at 61

fun = fcnchk（fun）；

註：以上 MATLAB 代碼為 c01.m。

說明：MATLAB 中使用符號必須定義。符號運算有符號型、字符串兩種基本形式。

符號型、字符串兩種基本形式在 MATLAB 符號運算中，呈現不同的表現特徵。例如，符號型支持四則運算，而字符串在四則運算中進行的是 ASCII 的運算。

有些 MATLAB 的函數指令只支持符號型或字符串其中一種形式。例如，fplot 指令只支持字符串形式，limit 指令只支持符號型形式。

2. 定　符

（1）定義符號變量

在 MATLAB 中，定義符號變量的方式有：

符號型變量　　　　syms　x　y　z

字符串　　　　　　x =『x』

清除符號變量　　　clear

(2) 定義符號表達式

在 MATLAB 中，定義符號表達式的方式有：

符號型　　　　　　syms x , f = … 或　f = sym（『…』）

字符串型　　　　　f =『…』

在 MATLAB 中，函數可以以多種形式定義，除以上兩種定義符號表達式的方式外，還可以定義內聯函數、句柄函數、m 函數文件等。

內聯函數　　　　　f = inline（『…』）

句柄函數　　　　　f = @ (x)…

符號表達式本身不能直接計算函數值，需使用 eval 指令計算函數值，內聯函數、句柄函數可以直接計算函數值。若使用內聯函數、句柄函數的符號表達式，需定義自變量。

例 3.2　在 MATLAB 中，使用符號。

解　在 MATLAB 中，輸入：

f1 = sym（'1/3'）

f1+1/2

運行結果顯示：

f1 =

1/3

ans =

5/6

使用符號數值運算，可以進行精確計算。

輸入：

syms x , f2 = exp（x^2）

f3 = sym（'exp（t^2）'）

f4 = 'exp（x^2）'

運行結果顯示：

f2 =

exp（x^2）

f3 =

exp（t^2）

f4 =

exp（x^2）

從結果中看不出變量的類型，需使用 who、whos 或在工作空間管理窗口查看得到。

輸入：

f2（1）

f4（1）

運行結果顯示：

ans =

exp（x^2）

ans =

e

輸入：

f5 = inline（'exp（x^2）'）

f6 = @（x）exp（x^2）

運行結果顯示：

f5 =

　　Inline function：

　　f5（x）= exp（x^2）

f6 =

　　@（x）exp（x^2）

輸入：

f5（2）

f6（2）

運行結果顯示：

ans =

　　54.5982

ans =

　　54.5982

註：以上 MATLAB 代碼為 c02.m。

在 MATLAB 中，符號對象可以是表達式，也可以是符號矩陣、符號方程。

二、符號運算

1. 初等運算

在 MATLAB 中，符號型表達式支持四則運算。

符號基本運算為四則運算：+ - * / ^，函數複合與反函數的函數指令分別為：compose（f，g）、finverse（f）。

例 3.3　在 MATLAB 中，進行符號初等運算。

解　MATLAB 代碼 c04.m 如下：

syms x

f = x^2-4*x+3

g = x^2-1

f+g

f-g

f*g

f/g

f^2

compose（f, g）

finverse（g）

運行結果顯示：

f =

x^2 − 4 * x + 3

g =

x^2 − 1

ans =

2 * x^2 − 4 * x + 2

ans =

4 − 4 * x

ans =

（x^2 − 1）*（x^2 − 4 * x + 3）

ans =

（x^2 − 4 * x + 3）/（x^2 − 1）

ans =

（x^2 − 4 * x + 3）^2

ans =

（x^2 − 1）^2 − 4 * x^2 + 7

Warning：finverse（x^2 − 1）is not unique.

ans =

（x + 1）^（1/2）

在 MATLAB 符號工具箱中，包括了許多代數式化簡和代換功能，常見的見表 3-1。

表 3-1　　　　　　　　　MATLAB 函數化簡指令

指令	功能	指令	功能
simplify	簡化	collect	合併同類項
expand	展開	factor	分解因式
horner	嵌套表示	simple	各種簡化

註：simple 指令會將 MATLAB 函數化簡指令的主要結果全部顯示

例 3.4　在 MATLAB 中，進行函數化簡。

解　MATLAB 代碼 c05.m 如下：

f=sym（'x^3+1+6*x*（x+1）'）

simplify（f）

factor（f）

expand（f）

collect（f）

horner（f）

simple（f）

運行結果顯示（部分）：

f =

6*x*（x + 1）+ x^3 + 1

ans =

(x + 1) * (x^2 + 5*x + 1)

ans =

(x + 1) * (x^2 + 5*x + 1)

ans =

x^3 + 6*x^2 + 6*x + 1

ans =

x^3 + 6*x^2 + 6*x + 1

ans =

x*(x*(x + 6) + 6) + 1

MATLAB 還有一個很有用的指令，可以增加表達式的可讀性：

符號表達式習慣格式顯示 pretty。

輸入：

pretty（f）

運行結果顯示：

$$6\,x\,(x+1)+x^3+1$$

2. 微 分 算

（1）極限

求極限：$\lim_{x \to a} f(x)$

格式：limit (f, x, a, option)

說明：函數 f 表達式可為符號型。極限變量 x 可缺省，默認變量為 x，或唯一符號變量。趨勢點 a 可缺省，默認變量為 0。option 為「left」左極限或「right」右極限，可缺省。

例 3.5　求極限 $\lim_{x \to 0} \dfrac{\sin(x)}{x}$ 等。

解　MATLAB 代碼 c07.m 如下：

syms　x a

limit（sin（x）/x）

limit（sin（x）/x, a）

limit（sin（x）/x, x, a）

limit（sin（x）/x, a, 2）

limit（sin（x）/x, inf）

limit（exp（1/x）, x, 0, 'right'）

limit（exp（1/x）, x, 0, 'left'）

limit（exp（1/x）, x, 0）

limit（sin（1/x））

運行結果顯示：

ans =

1

ans =

sin（a）/a

ans =

sin（a）/a

ans =

sin（x）/x

ans =

0

ans =

Inf

ans =

0

ans =

NaN

ans =

limit（sin（1/x）, x = 0）

註：不同版本結果顯示不盡相同。

（2）導數

求導：$f^{(n)}(x)$

格式：diff（f, x, n）

說明：函數 f 表達式可為符號型、字符串。自變量 x 可缺省，默認變量為 x，或唯一符號變量。階數 n 可缺省，默認為 1。

例 3.6　求導數 $(x\ln x)'$ 等。

解　MATLAB 代碼 c07.m 如下：

syms x y a

f = x * log（x）

diff（f）

diff（f, 2）

diff（f, a, 2）

運行結果顯示：

f =

x * log（x）

ans =

log（x）+ 1

ans =

1/x

ans =

0

（3）積分

求積分：$\int_a^b f(x)dx$

格式：int（f, x），int（f, x, a, b）

說明：函數 f 表達式可為符號型、字符串。積分變量 x 可缺省，默認變量為 x，或唯一符號變量。a，b 為積分上下限。

例 3.7　求積分 $\int_0^{2\pi} 3x\sin(x)dx$，$\int_0^{2\pi}\frac{\sin(x)}{x}dx$ 等。

解　MATLAB 代碼 c08.m 如下：

syms x

f=3 * x * sin（x）

int（f）

int（f, 0, 2 * pi）

int（sin（x）/x, 0, 2 * pi）

vpa（ans, 5）

運行結果顯示：

f =

3 * x * sin（x）

ans =

3 * sin（x）- 3 * x * cos（x）

ans =

（-6）* pi

ans =

sinint（2 * pi）

ans =

1.418 2

第二節　MATLAB 圖形功能

MATLAB 具有強大的繪圖功能。MATLAB 可通過繪圖函數和圖形編輯窗口來創建和修改圖形，還可直接對圖形句柄進行低層繪圖操作。本節介紹繪製二維圖形和三維圖形的繪圖函數以及常見的圖形控制函數的使用方法。

一、二維曲線

1. 值

在 MATLAB 中，最基本而且應用最為廣泛的繪圖指令為數值繪圖指令 plot，其使用格式見表 3-2。

表 3-2　　　　　　　　　MATLAB 繪圖指令 plot 的基本格式

功能	格式	說明
定義自變量的取值向量	x = [……]　x = a：t：b　x = linspace (a, b, n)	
定義函數的取值向量	y = [……]　y = f (x)	注意數組的對應運算：點乘、點除、點次方
繪製二維折線圖指令	plot (x, y)　plot (x)	參數只有 x 時，橫軸為數據序號

例 3.8　繪圖 $y = x\sin(x)$。

解　MATLAB 代碼 c09.m 如下：

x = -15：15；
y = x.* sin (x)；
plot (x, y)

運行此代碼，跳出 MATLAB 圖形窗口，見圖 3-1。

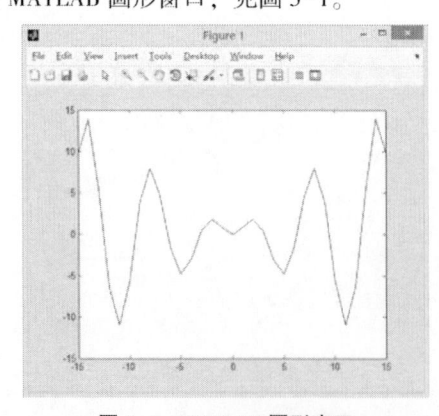

圖 3-1　MATLAB 圖形窗口

MATLAB 默認的圖片保存文件擴展名為.fig，常見的圖片瀏覽器打不開此文件，於是可將圖片文件另存為擴展名為.jpg、.bmp 等類型圖片文件。

若將代碼改成：

x=-15：15；

y=x.＊sin（x）；

plot（x，y，'.'）

圖形顯示為圖 3-2（1）。

若將代碼改成：

x=-15：0.1：15；

y=x.＊sin（x）；

plot（x，y，'.'）

圖形顯示為圖 3-2（2）。

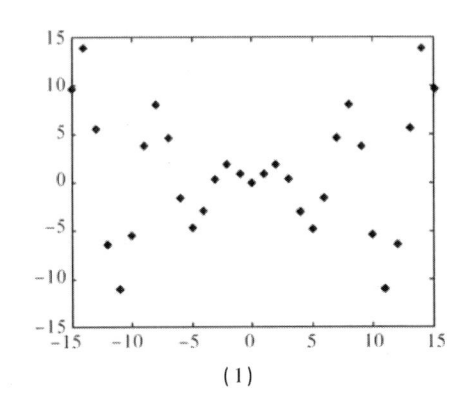

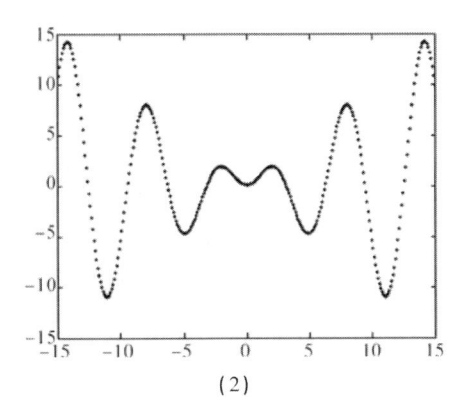

圖 3-2　MATLAB 圖形顯示

由此可以看出，使用 plot 繪圖時，並不是繪製函數 $y=x\sin(x)$ 的圖形，而是繪製在函數 $y=x\sin(x)$ 取值的點的圖形，只是顯示的線型有差別。

2. 型　　色

繪圖指令 plot 可以通過參數設置對曲線的線型等進行定義，其使用格式與參數選項見表 3-3、表 3-4。

表 3-3　　　　　　　　MATLAB 繪圖指令 plot 的參數設置格式

	函數	功能	說明
plot（x，y，LineSpec）	繪製指定線型曲線	線型選項：LineSpec
plot（x，y，LineSpec，'PropertyName'，PropertyValue）	繪製指定屬性曲線	屬性控制： LineWidth，MarkerEdgeColor，MarkerFaceColor，MarkerSize

表 3-4　　　　　　　　MATLAB 繪圖指令 plot 的參數選項

符號	線型	符號	點型	符號	顏色
-	實線	. o x + *	點符號	r	Red
:	點線	^ v > <	三角符	g	Green
-.	點劃線	s（square）	方塊	b	Blue
--	虛線	d（diamond）	菱形	c	Cyan
		p（pentagram）	五角星	m	Magenta
		h（hexagram）	六角星	y	Yellow
				k	Black
				w	White

例 3.9　使用 plot 參數設置繪圖。

解　MATLAB 代碼 c10.m 如下：

x = linspace（-6*pi, 6*pi, 200）;
y = x.*sin（x）;
plot（x, y, 'r*'）
x = [-1.2 0 1.3 1.4 1.6 2.1 2.3 2.9 3.4 4.5 5.6];
plot（x, 'p', 'LineWidth', 2, 'MarkerEdgeColor', 'r',…
'MarkerFaceColor', 'g', 'MarkerSize', 12）

圖形顯示為圖 3-3。

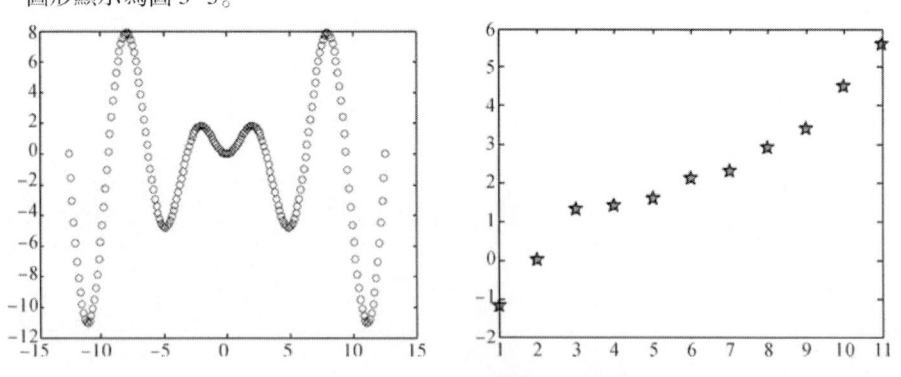

圖 3-3　使用 plot 參數設置繪製的圖形

3. 函

MATLAB 函數繪圖指令的使用格式見表 3-5。

表 3-5　　　　　　　　　　MATLAB 函數繪圖指令

函數	功能	說明
fplot (f, [a, b])　fplot (f, [a, b], LineSpec)	函數繪圖	f: 字符串 支持線型設置
ezplot (f)　ezplot (f, [a, b])	快捷繪圖	f: 字符串 或 符號型 支持隱函數繪圖 不支持線型設置

例 3.10　繪圖 $y = \sin(x^2)/x$ (繪製點圖)。

解　分別使用 plot、fplot 繪圖，MATLAB 代碼 c11.m 如下：

fplot ('sin (x^2) /x', [-8, 8], '.')

x = -8: 0.04: 8;

y = sin (x.^2)./x;

plot (x, y, '.')

從圖 3-4 中可以看出，兩指令繪圖效果不盡相同。

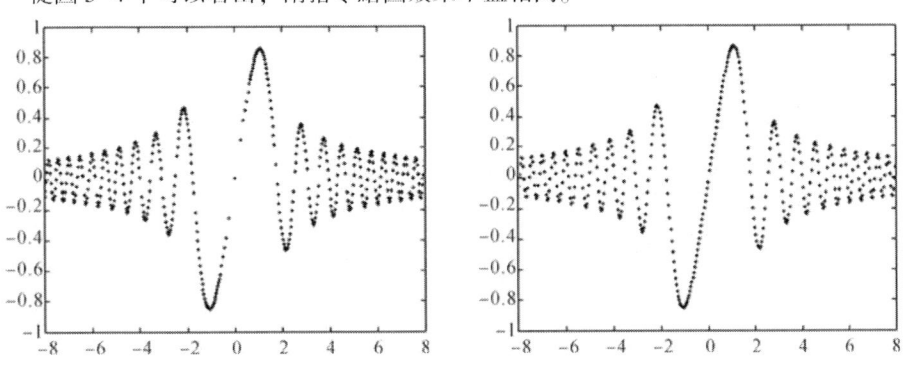

圖 3-4　使用 plot、fplot 繪製的圖形

例 3.11　繪圖 $x^2 - y^2 = 1$。

解　MATLAB 代碼 c12.m 如下：

ezplot ('x^2-y^2=1')

圖形顯示為圖 3-5。

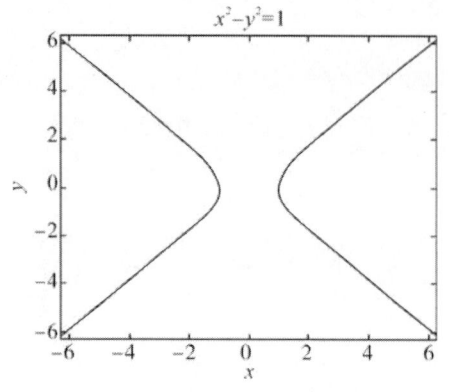

圖 3-5　使用 ezplot 繪製的圖形

例 3.12　繪圖 $y = \tan(5x)$。

解　分別使用 plot、fplot、ezplot 繪圖，MATLAB 代碼 c13.m 如下：

x=0：0.1：5；
y=tan（5∗x）；
plot（x，y）
fplot（'tan（5∗x）'，[0，5]）
ezplot（'tan（5∗x）'，[0，5]）

圖形顯示為圖 3-6。

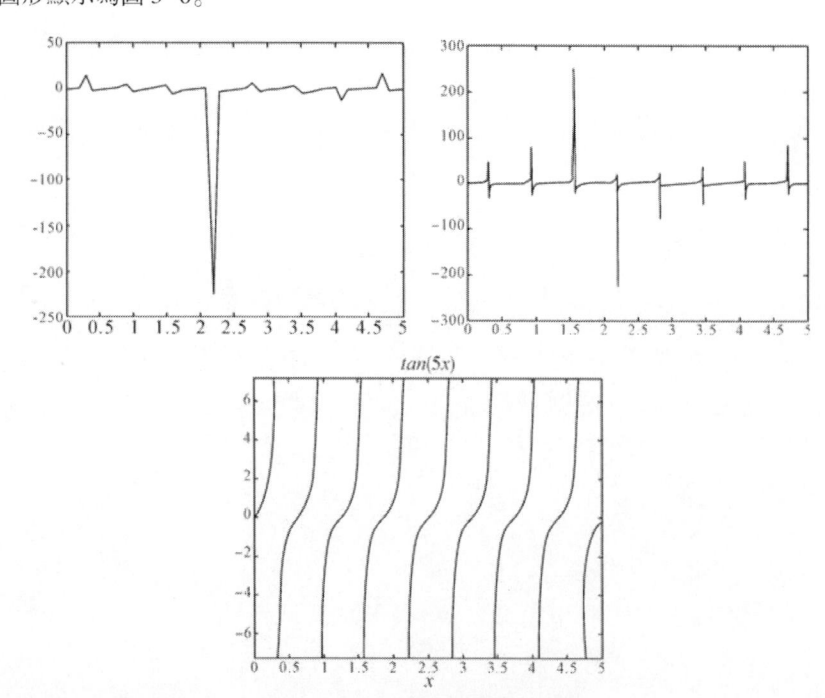

圖 3-6　使用三個指令繪製的圖形

在繪製此類函數時，ezplot 具有優勢。

二、三維曲線

1. 值

與二維繪圖指令 plot 相對應，在 MATLAB 中，三維曲線的數值繪圖指令為 plot3，其使用格式見表 3-6。

表 3-6　　　　　　　　MATLAB 繪圖指令 plot3 的使用格式

功能	格式	說明
定義參數的取值	t＝……	向量
定義坐標的取值	x＝x（t）y＝y（t）z＝z（t）	注意數組的對應運算：點乘、點除、點次方
數值繪圖	plot3（x, y, z）plot3（x, y, z, LineSpec）	支持線型設置

例 3.13　觀察空間曲線繪圖效果。

解　MATLAB 代碼 c14.m 如下：
t＝（0：0.02：2）＊pi；
x＝sin（t）；y＝cos（t）；z＝cos（2＊t）；
plot3（x, y, z, 'b-', x, y, z, 'bd'）
view（[-82, 58]），box on

其中，在 plot3 指令中，使用了多個圖形疊繪的功能（后面介紹），View 視角設置，box on 坐標加邊框。圖形顯示為圖 3-7。

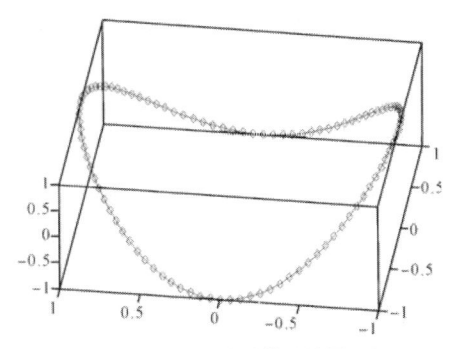

圖 3-7　三維曲線的數值繪圖示例

2. 函

與二維繪圖指令 ezplot 相對應，在 MATLAB 中，三維曲線的函數繪圖指令為 ezplot3，其使用格式見表 3-7。

47

表 3-7　　　　　　　　　MATLAB 繪圖指令 ezplot3 的使用格式

函數	功能	說明
ezplot3（x, y, z） ezplot3（x, y, z, [a, b]）	快捷繪圖	x, y, z: 含參字符串 或 符號型

例 3.14　繪圖:

$$\begin{cases} x = e^{\frac{t}{10}} \\ y = \sin(t)\cos(t) \\ z = t \end{cases}$$

解　MATLAB 代碼 c15.m 如下:

ezplot3（'exp（t/10）', 'sin（t）*cos（t）', 't', [0, 6*pi]）

圖形顯示為圖 3-8。

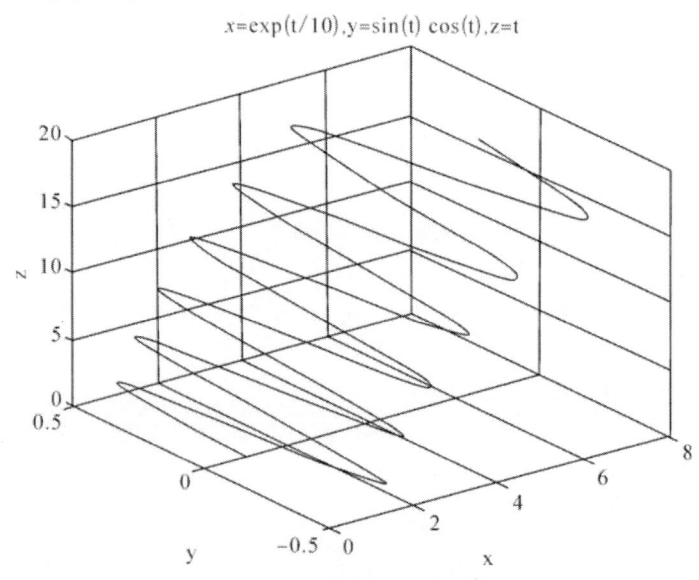

圖 3-8　三維曲線的函數繪圖示例

三、三維曲面

1. 值

MATLAB 提供了 surf 指令和 mesh 指令來繪製三維曲面圖。其調用格式見表 3-8。

表 3-8　　　　　　　　　　MATLAB 曲面繪圖指令

功能	格式	說明
建立由（x，y）構成的網格點	[x，y] = meshgrid（a：t：b）[x，y] = meshgrid（x，y）	矩陣
定義曲面函數的取值	z=z（x，y）	注意矩陣的對應運算：點乘、點除、點次方
繪製表面圖	surf（z）surf（x，y，z）	各線條之間的補面用顏色填充
繪製網格圖	mesh（x）mesh（x，y，z）	各線條之間的補面為白色

例 3.15　繪圖：$z = x^2 + y^2$

解　此曲面為旋轉拋物面，MATLAB 代碼 c16.m 如下：

[x，y] =meshgrid（-1：0.1：1）;
z=x.^2+y.^2;
surf（x，y，z）
mesh（x，y，z）

圖形顯示為圖 3-9。

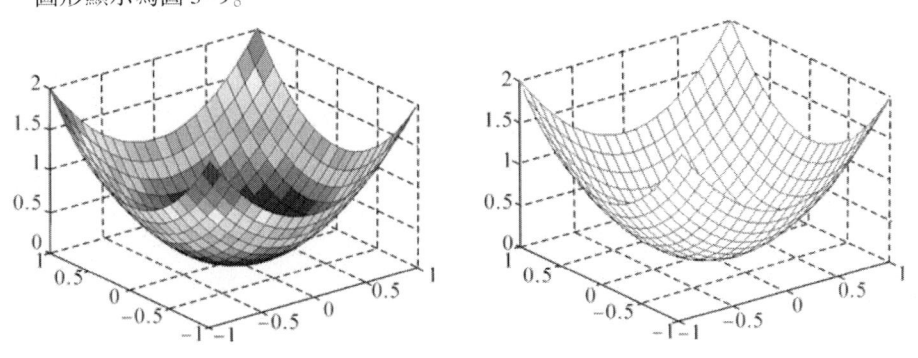

圖 3-9　$z=x^2+y^2$ 三維曲面的數值繪圖

值得注意的是，通常我們畫旋轉拋物面的圖像形如一個碗，怎麼成吊床了？

例 3.16　討論 $(x，y)$ 構成的網格點問題。

解　MATLAB 代碼為 c17.m

x，y 各取三點，並計算 z 值：

x=0：1：2
y=0：1：2
z=x.^2+y.^2

結果為：

x =
　　0　　1　　2

y =
   0   1   2
z =
   0   2   8

事實上，在空間上只得到三點 (0, 0, 0)，(1, 1, 2)，(2, 2, 8)，不可能畫出空間曲面圖。

使用 meshgrid 指令將 (x, y) 取的點織成網格，

[x, y] =meshgrid (x, y)

得到九點：

x =
   0   1   2
   0   1   2
   0   1   2

y =
   0   0   0
   1   1   1
   2   2   2

使用此九點畫圖。

z=x. ^2+y. ^2

surf (x, y, z)

得到的圖形為圖 3-10。

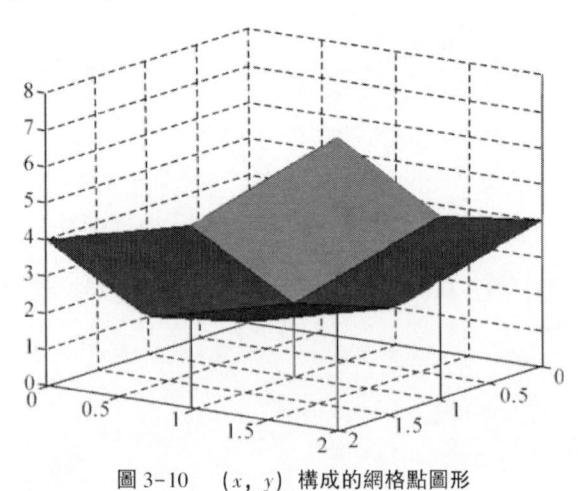

圖 3-10 (x, y) 構成的網格點圖形

例 3.17 繪製 $y = x$ 的平面圖。

解 通過選取平面上的 4 點，構建 2 階矩陣，繪製平面圖，MATLAB 代碼為 c18.m。

x= [0 1; 0 1]

y = [0 1; 0 1]
z = [0 0; 1 1]
surf (x, y, z)
即可得到平面圖形。

例3.18 使用輸入參數為1個矩陣的繪圖指令格式。

解 MATLAB 代碼為 c18.m

x = [1 2 3 4; 1 2 4 8; 1 3 6 9]
mesh (x)
y = peaks;%生成一個49階的高斯分佈矩陣
surf (y)

得到的圖形為圖 3-11。

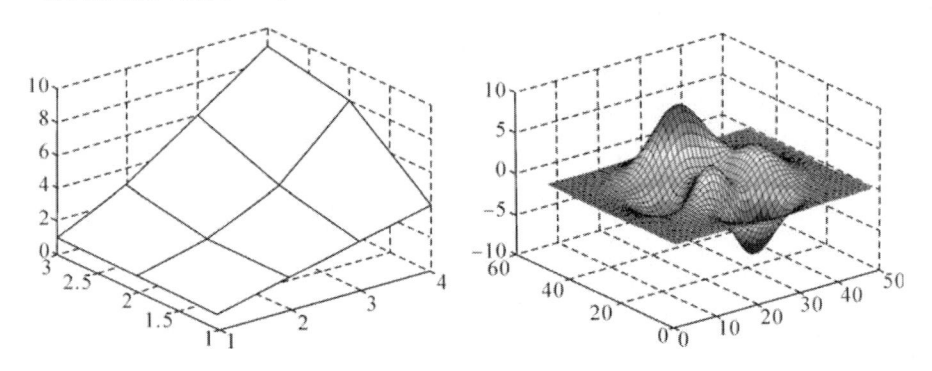

圖 3-11 使用輸入參數為 1 個矩陣的指令格式繪製的圖形

2. 修

MATLAB 提供了許多曲面圖形的修飾指令。其調用格式見表 3-9。

表 3-9　　　　　　　　　　MATLAB 曲面圖形修飾

功能	函數	說明及選項（options）
著色	shading options	interp flat faceted
透視	hidden options	on off
顏色控制	surf (x, y, z, t)	t: 控制節點
色圖	colormap (CM)	CM: jet hot cool hsv gray copper pink bone flag spring summer autumn winter [R G B]: 0~1

例3.19 繪圖並使用修飾

$$z = \frac{\sin(\sqrt{x^2 + y^2})}{\sqrt{x^2 + y^2}}$$

解 MATLAB 代碼為 c19.m

```
[x, y] =meshgrid (-8:.1:8);
R=sqrt (x.^2+y.^2) +eps;
z=sin (R)./R;
surf (z)
shadinginterp
axisoff
```
圖形顯示為圖3-12。

圖3-12 使用修飾繪圖示例

另外，注意eps的使用。

例3.20 顯示顏色控制效果。

解 MATLAB代碼為c20.m
```
[x, y] =meshgrid (-5:5);
z=x;
t=rand (11);
surf (x, y, z, t)
```
圖形顯示為圖3-13。

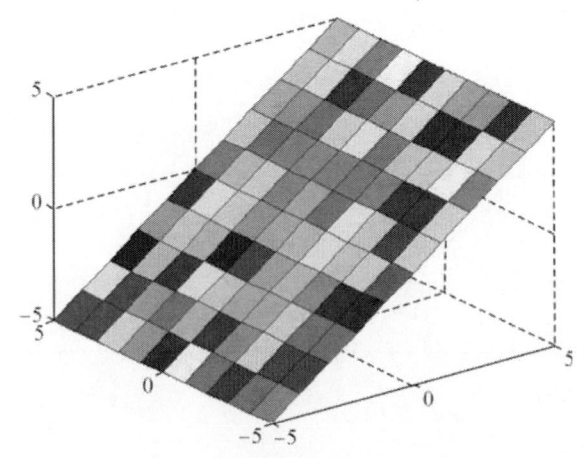

圖3-13 顯示顏色控制效果示例

每次運行代碼的效果會不一樣。

例 3.21 體會色圖控制效果。

解 MATLAB 代碼為 c21.m

[x, y] =meshgrid (-8:.5:8);
R=sqrt (x.^2+y.^2) +eps;
z=sin (R)./R;
surf (z)
shadinginterp
axisoff
colormap (cool)

圖形顯示為圖 3-14。

圖 3-14　色圖控制效果示例

色圖選項不同，效果會不一樣。

3. 函

MATLAB 提供了曲面圖形的函數繪圖指令。其調用格式見表 3-10。

表 3-10　　　　　　　MATLAB 曲面圖形的函數繪圖指令

函數	功能	說明
繪製表面圖	ezsurf (f) ezsurf (f, [a, b])	f: 含參字符串或符號型
繪製網格圖	ezmesh (f) ezmesh (f, [a, b])	f: 含參字符串或符號型

例 3.22　函數繪圖並與數值繪圖比較

$z = real(\arctan(x + iy))$

解 MATLAB 代碼為 c22.m

ezsurf ('real (atan (x+i*y))')
[x, y] = meshgrid (linspace (-2*pi, 2*pi, 60));
z = real (atan (x+i.*y));
surf (x, y, z)
axis tight

得到兩個圖形，見圖 3-15。

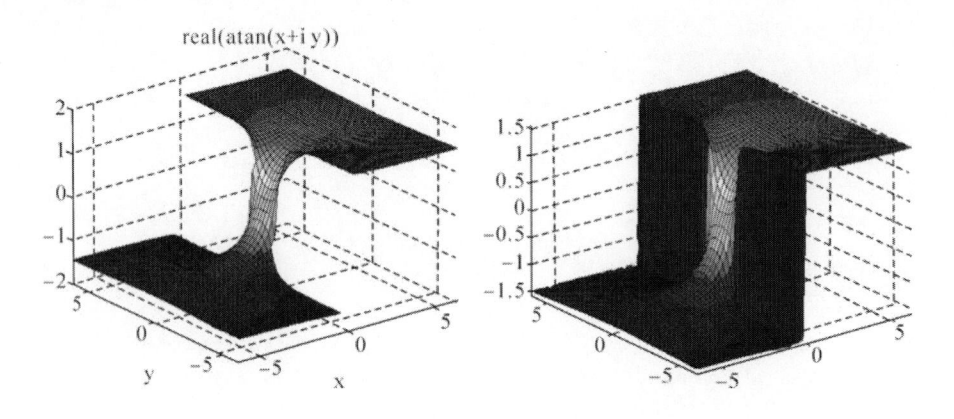

圖 3-15　函數繪圖與數值繪圖的圖形比較

四、其他

1. 示多形

MATLAB 顯示的多個圖形有三種形式，見表 3-11。

表 3-11　　　　　　　　　　MATLAB 顯示多個圖形

	函數	功能
同一窗口疊繪	w＝[f；g]；plot（x，w）	二維折線圖
	plot（x，y，LineSpec，x，z，LineSpec…）	二維折線圖
	hold　on	保持圖形
	hold　off	關閉保持圖形功能
同一窗口多個子圖	subplot（m，n，p）	分塊繪圖
指定圖形窗口繪圖	figure（k）	圖形窗口
窗口控制	clf	刪除圖形
	close	關閉圖形窗口

例 3.23　繪圖 $y = k\cos(x)$，$k = 0.4：0.1：1$，$x \in [0, 2\pi]$。

解　MATLAB 代碼 c23.m 如下：

x＝0：0.1：2＊pi；

k＝0.4：0.1：1；

y＝cos（x）'＊k；

plot（x，y）

圖形顯示為圖 3-16。

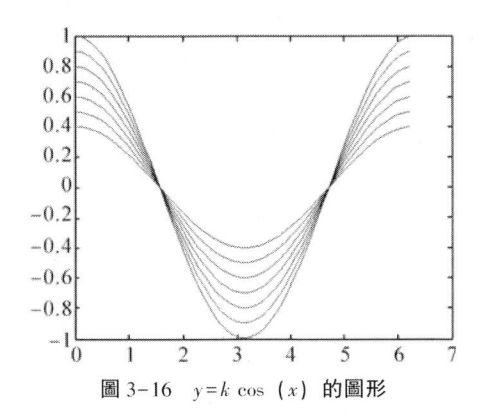

圖 3-16　$y=k\cos(x)$ 的圖形

例 3.24　用圖形表示連續調制波形 $y=\sin(t)\sin(9t)$ 及其包絡線。

解　MATLAB 代碼 c24.m 如下：
```
t=（0：pi/100：pi）';
y1=sin（t）*[1,-1];
y2=sin（t）.*sin（9*t）;
t3=pi*（0：9）/9;
y3=sin（t3）.*sin（9*t3）;
plot（t,y1,'r:',t,y2,'b',t3,y3,'bo'）
axis（[0,pi,-1,1]）
```
圖形顯示為圖 3-17。

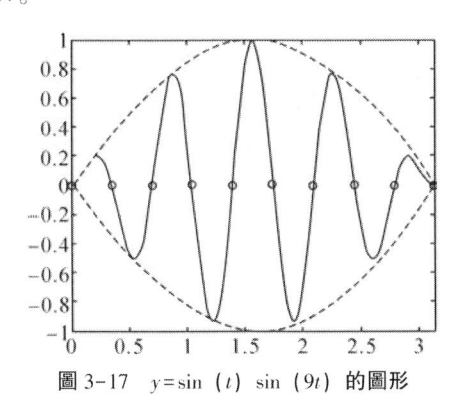

圖 3-17　$y=\sin(t)\sin(9t)$ 的圖形

例 3.25　再次討論 $z=x^2+y^2$。

解　通常我們畫旋轉拋物面形如一個「碗」，需要 (x,y) 在圓內取值。即 r,θ 兩個量均勻取值，一個是圓內均勻取圓環，另一個是圓周上均勻取點：$x=r\cos\theta$，$y=r\sin\theta$。

MATLAB 代碼 c25.m 如下：
```
n=30;
```

```
k = 0;
for r=0：1/n：1
    k = k+1;
x（k,:）= r * cos（linspace（0, 2 * pi, n））;
y（k,:）= r * sin（linspace（0, 2 * pi, n））;
end
z=x. ^2+y. ^2;
surf（x, y, z）
axis equal
shading interp
colormap（winter）
%axis off
```

圖形顯示為圖 3-18。

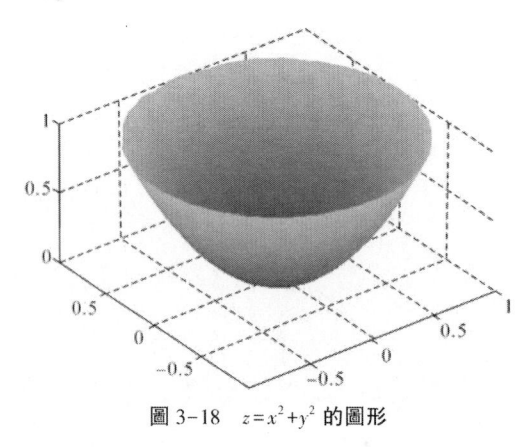

圖 3-18　$z=x^2+y^2$ 的圖形

2. 形的　　和坐　控制

MATLAB 圖形窗口可以對圖形的標記、對坐標進行控制，見表 3-12。

表 3-12　　　　　　　　　　MATLAB 顯示多個圖形

功能	函數	說明及 options
視角控制	view（[az, el]）view（[vx, vy, vz]）	設置：方位角。仰角設置：坐標
坐標控制	axis（[xmin xmax ymin ymax zmin zmax cmax]）axis options	坐標範圍 auto manual tight fill ij xy equal image square vis3d normal off on
坐標軸標註	title（'f曲線圖'）xlabel（'x軸'）ylabel（'y軸'）zlabel（'z軸'）	加圖名坐標軸加標誌
坐標標註	text(x, y, 'string')text(x, y, z, 'string')	定位標註

3. 其他　　指令

MATLAB 還有許多其他的繪圖指令，見表 3-13。

表 3-13　　　　　　　　　　MATLAB 顯示多個圖形

功能	函數	說明
極坐標	polar（theta, rho, LineSpec）h =polar（…）	繪圖取值
球面	sphere（n）　　［X, Y, Z］= sphere（n）	單位球取值

例 3.26　極坐標繪圖

$r = \cos(2\theta)$

$r = 2(1 + \cos\theta)$

解　MATLAB 代碼 c26.m 如下：

t=0：0.02：2*pi；

subplot（1, 2, 1）

polar（t, cos（2*t）, 'g*'）

subplot（1, 2, 2）

polar（t, 2*（1+cos（t）），'r*'）

圖形顯示為圖 3-19。

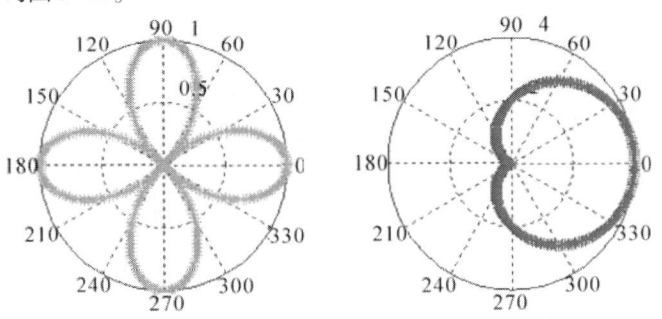

圖 3-19　極坐標繪圖示例

例 3.27　繪製球面。

解　MATLAB 代碼 c27.m 如下：

sphere（30）

axisequal

shading interp

圖形顯示為圖 3-20。

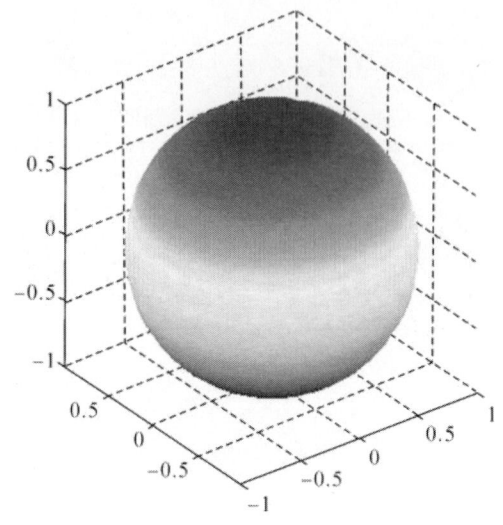

圖 3-20　球面繪圖示例

習題三

1. 使用 MATLAB 計算。

(1) 因式分解: $y = 2x^5 - x^4 + 6x^2 - 7x + 2$

(2) $\lim\limits_{x \to 0^+} (\cos x)^{\frac{1}{x^2}}$

(3) $y = e^{-x^2}$，求: y''

(4) $\int_0^\infty t e^{-2t} dt$

(5) $\iint\limits_D \dfrac{1}{1 + x^2 + y^2} dxdy$，其中 $D: x^2 + y^2 \leq 1$

2. 使用 MATLAB 繪圖。

(1) 曲線 $y = \dfrac{\sin x^2}{x + 1}$，$0 < x < 5$；（紅色，『o』線，標記 x y 軸、曲線名）

(2) 在同一窗口中繪製曲線 $0 \leq x \leq 20$:

$y1 = e^{-0.1x} \sin x$（紅色，『.』點線）；$y2 = e^{-x} \sin 5x$（藍色，點劃線）

(3) 曲線 $x = t\cos(2t)$，$y = t\sin(2t)$；（參數方程曲線，t 為參數）（藍色，＊點線）

(4) 空間曲線 $x = \sin t$，$y = \cos t$，$z = t$；

(5) 曲面 $z = \sqrt{|xy|}$；（x y 均在 [−2, 2]，去掉網格，無刻度，色系為 cool）

(6) 上題中加入一個原點為球心、半徑為 1 的球；（去掉網格，無刻度，色系為 flag）

(7) 曲面 $z = xy\sin(xy)$；$(-2 \leq x, y \leq 2)$

(8) 曲線 $r = \sqrt[4]{\sin(5\theta)}$，$0 \leq \theta \leq 2\pi$；（極坐標曲線）（紫紅色，點線）

第四章　方程模型

　　方程求解在數學理論研究、實際應用中均是一類非常重要的問題。對於工程技術和社會經濟領域中的許多問題，當不考慮時間因素的變化，作為靜態問題處理時，這些問題常常可以建立代數方程模型；當考慮時間因素的變化，作為動態問題處理時，這些問題常常可以建立微分方程模型。方程求解也是 MATLAB 軟件符號運算、數值運算關注的一個重要問題。本章介紹 MATLAB 代數方程與微分方程的求解函數，並介紹幾個方程模型的建立和求解。

第一節　MATLAB 求解方程

　　MATLAB 方程求解包括代數方程、微分方程的符號解、數值解。

一、代數方程

1. 代數方程的符號求解

在 MATLAB 中，代數方程的符號求解函數及使用格式見表 4-1。

表 4-1　　　　　MATLAB 代數方程的符號求解函數

格式	說明
solve (eq) solve (eq, var) solve (eq1, eq2, ..., eqn) solve (eq1, eq2, ..., eqn, var1, var2, ..., varn)	方程 eq 支持符號型、字符串
	var 為自變量，可缺省
	求解方程組時輸出的結果為結構型數據，可以使用變量數組來接收

例 4.1　解方程

(1) $2x^4 + x^2 + 7x - 3 = 0$

(2) $\begin{cases} x + 2y + 2z = 0 \\ 2x - y + z = 0 \end{cases}$

解　MATLAB 求解代碼為 c01.m。

(1) 方程求解採用不同的格式，代碼如下：

syms x
f1 = 2 * x^4+x^2+7 * x-3

solve（f1，x）
f2 = ' 2 * x^4+x^2+7 * x-3 '
solve（f2）
solve（' 2 * x^4+x^2+7 * x-3=0 '）
vpa（ans，5）
運行結果相同：
ans =
 -1.5463
  0.5738+1.4506i
  0.5738-1.4506i
  0.3987

（2）線性方程組在第二章中已討論過，現在我們使用符號求解的方式來求解，代碼如下：

solve（' x+2 * y+2 * z=10，2 * x-y+z=0 '）
運行結果如下：
ans =
x：[1x1 sym]
y：[1x1 sym]
結果為結構型數據，可以採用結構型數據的顯示方式，編寫代碼：
s=solve（' x+2 * y+2 * z=10，2 * x-y+z=0 '）
s.x
s..y
運行結果如下：
s =
x：[1x1 sym]
y：[1x1 sym]
ans =
2 - (4 * z) /5
ans =
4 - (3 * z) /5
也可以使用變量數組來接收，編寫代碼：
[x，y] =solve（' x+2 * y+2 * z=10，2 * x-y+z=0 '）
運行結果如下：
x =
2 - (4 * z) /5
y =
4 - (3 * z) /5
由此可以看出，使用 MATLAB 求解時，將 z 變量作為自由變量，得到線性方程組

的通解。

2. 代數方程的數值求解

在 MATLAB 中，代數方程的數值求解函數及使用格式見表 4-2。

表 4-2　　　　　　　　MATLAB 代數方程的數值求解函數

格式	說明
fsolve（fun, x0） fzero（fun, x0）	方程 fun 支持字符串 x0 為初值，不能缺省 fzero 單變量，fsolve 可多變量兩函數內部算法不同

例 4.2　解方程 $\tan(2*x) = \sin(x)$。

解　MATLAB 求解代碼為 c02.m。
首先使用符號解，代碼如下：
g='tan（2*x）=sin（x）'
solve（g）
vpa（ans, 5）
運行結果如下：
ans =
acos（1/2 - 3^（1/2）/2）
acos（3^（1/2）/2 + 1/2）
　　0
-acos（1/2 - 3^（1/2）/2）
-acos（3^（1/2）/2 + 1/2）
ans =
　　1.9455
　0.83144*i
　　0
　-1.9455
-0.831 44*i
使用圖形顯示解的情況，編寫代碼如下：
ezplot（'sin（x）'）
hold on
ezplot（'tan（2*x）'）
運行后顯示的圖形見圖 4-1。
由此可以看出，兩曲線交點有無窮個，方程應有無窮多解。
若求方程在 100 點附近的解，便可使用方程的數值求解方法，代碼如下：
g='tan（2*x）-sin（x）'
fsolve（g, 100）
fzero（g, 100）

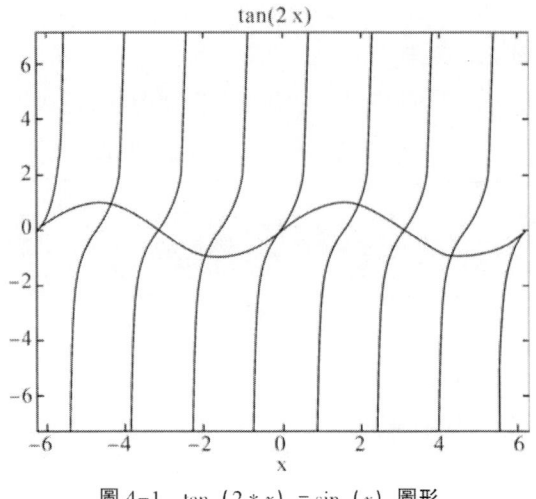

圖 4-1　tan（2*x）= sin（x）圖形

運行結果如下：

ans =

    100.5310

ans =

    97.3894

二、微分方程

1. 微分方程的符　求解

在 MATLAB 中，微分方程的符號求解函數及使用格式見表 4-3。

表 4-3　　　　　　　　MATLAB 微分方程的符號求解函數

格式	說明
dsolve（『eq』） dsolve（eq』，』x』） dsolve（『eq』，』y（x0）= y0』，』…』） dsolve（'eq1'，'eq2'，…，'cond1'，'cond2'，…，'v'）	方程 eq 支持字符串 x 為自變量，缺省為 t 導數記號為 Dy，D2y，Dny 微分方程組求解結果為結構型數據 解為符號型

例 4.3　解微分方程 $y'' = -4y$。

解　MATLAB 求解代碼為 c03.m。

觀察自變量，代碼如下：

dsolve（'Dy = x'）

dsolve（'Dy = x'，'x'）

運行結果如下：

ans =
C4 + t * x
ans =
x^2/2 + C16
解初值問題，代碼如下：
g = ' D2y = -4 * y '
dsolve（g）
y = dsolve（g，' y（0）= 1，Dy（pi/3）= 0 '）
運行結果如下：
ans =
C10 * cos（2 * t）+ C11 * sin（2 * t）
y =
cos（2 * t）- 3^（1/2）* sin（2 * t）
微分方程組求解結果為結構型數據，代碼如下：
[x, y] = dsolve（' Dx = y '，' Dy = x '）
[x, y] = dsolve（' Dx = y '，' Dy = x '，' x（0）= 0 '，' y（0）= 1 '）
運行結果如下：
x =
C5 * exp（t）- C6/exp（t）
y =
C5 * exp（t）+ C6/exp（t）
x =
exp（t）/2 - 1/（2 * exp（t））
y =
1/（2 * exp（t））+ exp（t）/2

2. 微分方程的　值求解

在 MATLAB 中，一類特殊的一階微分方程的數值求解函數及使用格式見表 4-4。

表 4-4　　　　　MATLAB 一類特殊的一階微分方程的數值求解函數

格式	說明
[T, Y] = solver（odefun, tspan, y0）	solver：ode23，ode45，ode113，ode15s，ode23s，ode23t，ode23tb odefun：微分方程自由項函數句柄 tspan：區間 y0：初始值 算法：龍格庫塔法

例 4.4　解微分方程數值解

（1）$y' = y$，$y(0) = 1$

(2) $\begin{cases} x' = -x^3 - y, & x(0) = 1 \\ y' = x - y^3, & y(0) = 0.5 \end{cases}$

解 MATLAB 求解代碼為 c04.m。

(1) 自由項函數為內聯函數，代碼如下：

fun=inline（'y'，'x'，'y'）
[x, y] =ode45（fun, [0, 4], 1）
plot（x, y）

運行結果為向量：

x =

   0

  0.0502

  0.1005

  0.1507

  0.2010

……

y =

  1.0000

  1.0515

  1.1057

  1.1627

  1.2226

……

利用向量點作圖可看出解函數的圖形，見圖 4-2。

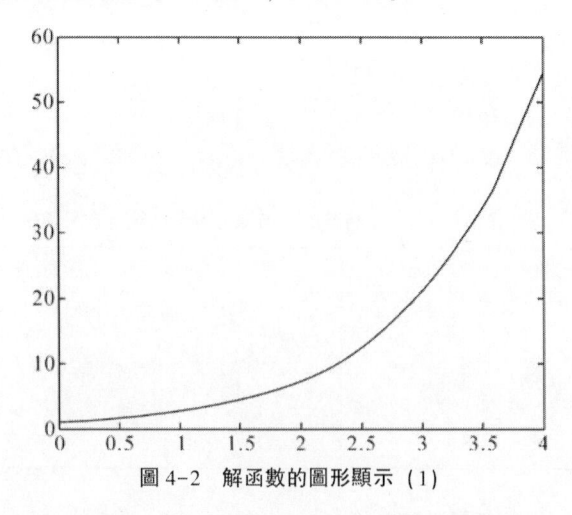

圖 4-2 解函數的圖形顯示（1）

(2) 自由項函數為 m 函數，保存在 fun4.m 中。代碼如下：

```
function f=fun4(t, x)
f=[-x(1)^3-x(2); x(1)-x(2)^3];%列
```
求解微分方程代碼 c04.m 如下：
```
[t, x]=ode45(@fun4, [0, 30], [1; 0.5])
plot(t, x)
```
運行結果為向量，利用向量點作圖可看出解函數的圖形，見圖 4-3。

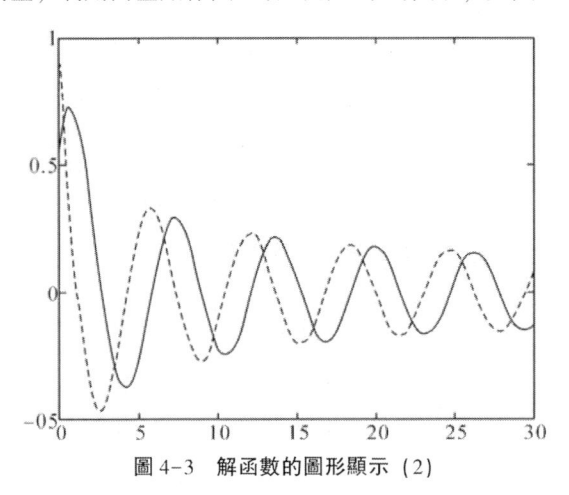

圖 4-3 解函數的圖形顯示 (2)

第二節　簡單物理模型

一、物體溫度變化

例 4.5　室溫 20℃，某物體從 100℃下降到 60℃需要 20 分鐘時間。試問該物體下降到 30℃，還需要多長時間？

分析關鍵：溫度變化規律。

冷卻定律：物體的冷卻速度與物體和環境的溫差成正比。

解　設物體的溫度為 $T(t)$，冷卻速度為 $\dfrac{dT}{dt}$

根據冷卻定律，有：

$$\begin{cases} \dfrac{dT}{dt} = -k(T-20) \\ T(0) = 100 \end{cases}$$

其中：k 為冷卻係數。

利用 MATLAB 求解（代碼為 c05.m）。
```
T=dsolve('DT=-k*(T-20)', 'T(0)=100')
```
得到的結果為：

$$T(t) = 20 + 80e^{-kt}$$

由於物體從 100℃ 下降到 60℃ 需要 20 分鐘，

所以

$$T(20) = 20 + 80e^{-20k} = 60$$

$$k = \frac{1}{20}\ln 2$$

於是有：

$$T(t) = 20 + 80e^{-\frac{t}{20}\ln 2}$$

代入：$T(t) = 30$

得：$t = 60$

即：該物體下降到 30℃，還需要 40 分鐘。

二、下滑時間

例 4.6　長為 6 米的鏈條從桌面上由靜止狀態開始無摩擦地沿桌子邊緣下滑。設運動開始時，鏈條有 1 米垂於桌面下，試求鏈條全部從桌子邊緣滑下需多少時間？

解　建立坐標系（見圖 4-4），原點位於鏈條終點的初始位置。

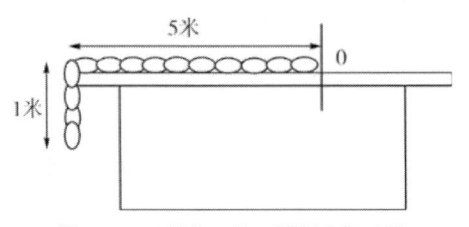

圖 4-4　「鏈條下滑」問題坐標系圖

令 t 時刻鏈條終點位置為 $x(t)$

t 時刻鏈條質量為：

$$m = \rho(1 + x)$$

其中：ρ 為鏈條線密度

鏈條受力為：

$$F = mg = \rho(1 + x)g$$

鏈條運動加速度為：

$$a = x''$$

根據牛頓第二定律可得：

$$F = \rho(1 + x)g = 6\rho x''$$

即：

$$6x'' - gx - g = 0$$

初始狀態下：$x(0) = 0$，$x'(0) = 0$

於是，得到鏈條運動距離的二階微分方程：

$$\begin{cases} 6x'' - gx - g = 0 \\ x(0) = 0 \\ x'(0) = 0 \end{cases}$$

利用 MATLAB 求解（代碼為 c06.m）。

x = dsolve（'6 * D2x-g * x-g = 0', 'x（0）= 0, Dx（0）= 0'）

pretty（x）

得到的結果為：

$$x = \frac{1}{2}(e^{\sqrt{\frac{g}{6}}t} + e^{-\sqrt{\frac{g}{6}}t}) - 1$$

當 $x = 6$ 時，得：

$$t = \sqrt{\frac{6}{g}}\ln(6 + \sqrt{35})$$

第三節　人口模型

人口問題是當今世界發展的重要問題。一些發展中國家的出生率過高，一些發達國家的自然增長率趨於零甚至負增長，這些對世界人口狀況均產生了重大影響。中國的人口問題一直比較突出，如人口數量過多、人口結構不合理、人口分佈不均衡等，人口問題研究一直是一個重要課題。

人口模型研究，始於 1798 年馬爾薩斯（Malthus）人口爆炸式方程；1838 年威赫爾斯特（Verhulst）對 Maltllus 方程進行了修正，得出 Logistic 方程；1920 年 A. J. 洛特卡（A. J. Lotka）和 1926 年伏爾泰拉（Volterra）分別獨立地提出了兩個種族進行競爭的模型；G. V. 尤爾（G. V. Yule）於 1924 年引入概率觀點對人口問題進行了研究；各種比較精細的人口模型則是在 20 世紀 40 年代后建立起來的，按齡離散型人口模型由 P. H. 萊斯利（P. H. Leslie）在 1945 年完成；現代按齡連續型人口模型在 1959 年由 Van. H. 夫普爾斯特（Van. H. Fpoerster）做出。20 多年來，中國從事自然科學（主要是控制論）的學者針對中國人口現狀而做出的中國人口預測模型和人口控制模型為中國人口政策提供了科學依據。

影響人口增長的因素很多，如人口的基數、人口的自然增長率以及各種擾動因素。自然增長率取決於自然死亡率和自然出生率，擾動因素主要有人口遷移、自然災害、戰爭因素等。影響自然死亡率的因素有人口發展史、健康水平、營養條件、醫療設施、文教水準、遺傳因素、環境污染、政策影響等；影響自然出生率的因素有政治制度、社會保障、經濟條件、文教衛生、傳統習慣、價值觀念、城市規模、結婚年齡、節育措施、嬰兒死亡率高低等。

由於影響人口增長的因素很多，研究者通常採用的方法都是建立簡化模型，根據需要逐步完善。

人口模型的最基本問題是人口預測。例如，1998 年年末中國的總人口數約為 12.5

億，自然增長率為 9.53‰，依此預測 2000 年年末中國的總人口數：

$12.5 \times (1 + 0.00953)^2 \approx 12.7394$

2000 年 11 月 1 日全國總人口為 126 583 萬人。預測 2003 年年末中國的總人口數：

$12.5 \times (1 + 0.00953)^5 \approx 13.1071$

2005 年 1 月 6 日，中國人口總數達到 13 億；2010 年年底，中國人口總數為13.473 5 億（《統計年鑒（2011）》）。

設：基年人口數為 x_0，k 年後為 x_k，年增長率為 r

則人口增長模型為：

$x_k = x_0 (1 + r)^k$

此模型為最簡單的人口模型。

一、指數增長模型——Malthus 模型

英國人口學家馬爾薩斯（1766—1834 年）在擔任牧師期間，查看了教堂一百多年人口出生統計資料，發現人口出生率穩定於一個常數。因此他於 1798 年在《人口原理》一書中提出了聞名於世的 Malthus 人口模型。

1. 模型假

基本假設：人口的自然增長率是一個常數，或者說單位時間內人口增長量與當時人口數成正比。

2. 模型建立

設：t 時刻人口數為 $x(t)$，人口自然增長率為 r

由於自然增長率是指單位時間內人口增長量與人口數之比，

所以

$$\frac{\Delta x(t)}{x(t)\Delta t} = r$$

$$\therefore \frac{\Delta x(t)}{\Delta t} = rx(t)$$

等式兩邊取極限：$\Delta t \to 0$，得：

$x'(t) = rx(t)$

考慮基年人口數 x_0，得到人口模型為微分方程：

$$\begin{cases} x'(t) = rx(t) \\ x(0) = x_0 \end{cases}$$

3. 模型求解

該微分方程為一階可分離變量的微分方程，結果易得：

$x(t) = x_0 e^{rt}$

為指數函數。因此，Malthus 模型又稱為指數增長模型。

4. 述

因為 $e^r \approx 1+r$，所以 $x(t) = x_0 e^{rt} \approx x_0(1+r)^t$。可見，最簡單的人口模型 $x_k = x_0(1+r)^k$ 是指數增長模型的離散形式。

Malthus 模型能夠比較準確地預測短期內人口變化的規律。但長期來看，任何地區人口都不可能無限增長，並且從人口現狀來看，人口的增長速度一直在減緩。顯然 Malthus 模型描述人口變化已過分粗糙，需要進行改進，即修改模型的基本假設。

二、阻滯增長模型——Logistic 模型

1. 模型假

否定人口的自然增長率是一個常數這一假設，最簡單的形式就是一次函數。

基本假設：人口的自然增長率 r 是人口 $x(t)$ 的線性函數。

2. 模型建立

令人口自然增長率 r 的線性函數為：

$r(x) = r - sx \ (s, r > 0)$

設最大人口容量（自然資源和環境條件所能容納的最大人口數量）為 x_m，則有：$r(x_m) = 0$

代入線性函數表達式可得：$s = \dfrac{r}{x_m}$

於是 $r(x) = r - \dfrac{r}{x_m}x = r(1 - \dfrac{x}{x_m})$

所以

$x'(t) = r(x)x(t) = r(1 - \dfrac{x}{x_m})x$

考慮基年人口數 x_0，得到人口模型為微分方程：

$\begin{cases} x'(t) = rx(t) \\ x(0) = x_0 \end{cases}$

3. 模型求解

該微分方程為一階可分離變量的微分方程。

利用 MATLAB 求解（代碼為 c07.m）。

X2=dsolve（'Dx=r*x*（1-x/xm）','x（0）=x0'）

simple（x2）

pretty（ans）

得到的結果為：

$x(t) = \dfrac{x_m}{1 + (\dfrac{x_m}{x_0} - 1)e^{-rt}}$

4. 述

　　Logistic 模型是荷蘭生物數學家弗赫斯特（Verhulst）於 1838 年提出的。該模型能大體上描述人口及許多物種，如森林中樹木的增長、池塘中魚的增長、細胞的繁殖等的變化規律，並在社會經濟領域有廣泛的應用，如耐用消費品的銷售量等。基於這個模型能夠描述一些事物符合邏輯的客觀規律，人們常稱它為 Logistic 模型。

　　通過圖形，我們來分析 Malthus 模型與 Logistic 模型的關係。使用 MATLAB 繪圖功能，代碼為 c07.m。

figure（1），clf
r=0.01；xm=1；x0=0.01；
syms x t
hold on
ezplot（r*x*（1-x/xm），[0, 1]）
ezplot（r*x，[0, 1]）
text（0.7, 8.5*10^-3, 'Malthus'）
text（0.7, 2.5*10^-3, 'Logistic'）
figure（2），clf
ezplot（eval（x1），[0, 1000]），hold on
ezplot（eval（x2），[0, 1000]）
text（320, 0.8, 'Malthus'）
text（520, 0.6, 'Logistic'）

運行后顯示的圖形，見圖 4-5。

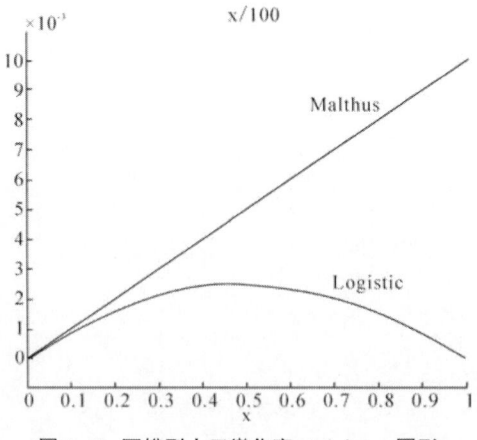

圖 4-5　兩模型人口變化率 $x'(t)$ ~t 圖形

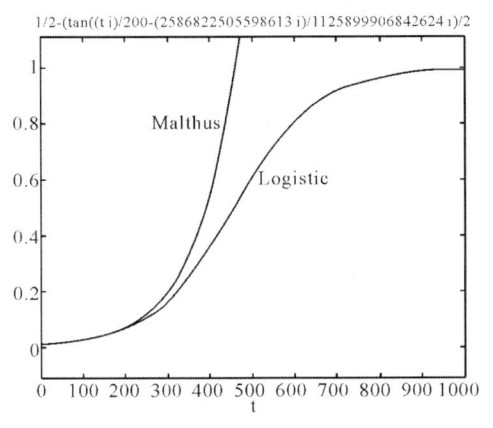

圖 4-6　兩模型人口數量 $x(t) \sim t$ 函數圖

圖 4-6 顯示，人口變化初期，Malthus 模型與 Logistic 模型刻畫的人口數量非常接近。但隨著時間的變化，兩模型將產生較大的差異，從長期來看，Logistic 模型給出的結果相對合理。

這兩個模型僅給出了人口總數的信息，而這一信息是遠遠不能滿足各方面需求的，若想得到人口變化的更多信息，還需進一步建模分析。

三、模型的參數估計、檢驗和預報

應用 Malthus 模型或 Logistic 模型進行人口分析時，先要做參數估計，估計 Malthus 中的參數 r 或 Logisti（中的參數）r、x_m，常用的統計方法為最小二乘法。

1. 取

以實際人口數據為例，表 4-5 為 1961—2002 年世界、中國、印度、美國的人口數據。

表 4-5　　1961—2002 年世界、中國、印度、美國的人口數據　　單位：百萬人

年份	世界（WORLD）	中國（China）	印度（India）	美國（USA）
1961	3 080.13	672.777	452.476	189.091
1962	3 140.783	685.883	462.78	191.954
1963	3 203.5	700.221	473.292	194.714
1964	3 268.221	715.938	484.071	197.336
1965	3 334.879	733.092	495.157	199.796
1966	3 403.433	751.737	506.547	202.08
1967	3 473.771	771.715	518.221	204.203
1968	3 545.606	792.597	530.176	206.209
1969	3 618.625	813.807	542.41	208.162

表4-5(續)

年份	世界（WORLD）	中國（China）	印度（India）	美國（USA）
1970	3 692.499	834.871	554.911	210.111
1971	3 767.21	855.685	567.694	212.072
1972	3 842.657	876.2	580.745	214.043
1973	3 918.334	896.069	593.989	216.041
1974	3 993.607	914.905	607.329	218.078
1975	4 068.113	932.457	620.701	220.165
1976	4 141.594	948.563	634.072	222.312
1977	4 214.269	963.339	647.476	224.521
1978	4 286.788	977.174	660.998	226.785
1979	4 360.032	990.635	674.762	229.091
1980	4 434.675	1 004.168	688.856	231.428
1981	4 510.809	1 017.808	703.301	233.8
1982	4 588.263	1 031.519	718.072	236.208
1983	4 667.307	1 045.584	733.166	238.638
1984	4 748.187	1 060.329	748.568	241.067
1985	4 830.98	1 075.937	764.26	243.484
1986	4 915.874	1 092.599	780.243	245.877
1987	5 002.601	1 110.155	796.504	248.259
1988	5 090.24	1 127.996	812.994	250.663
1989	5 177.546	1 145.274	829.649	253.136
1990	5 263.586	1 161.381	846.418	255.712
1991	5 348.014	1 176.087	863.261	258.402
1992	5 430.971	1 189.56	880.166	261.192
1993	5 512.714	1 202.087	897.14	264.065
1994	5 593.732	1 214.131	914.2	266.991
1995	5 674.381	1 226.03	931.351	269.945
1996	5 754.69	1 237.858	948.591	272.924
1997	5 834.504	1 249.499	965.878	275.928
1998	5 913.786	1 260.886	983.11	278.948
1999	5 992.485	1 271.903	1 000.161	281.975
2000	6 070.586	1 282.473	1 016.938	285.003

表4-5(續)

年份	世界（WORLD）	中國（China）	印度（India）	美國（USA）
2001	6 148.063	1 292.585	1 033.395	288.025
2002	6 224.978	1 302.307	1 049.549	291.038

使用MATLAB，將數據錄入MATLAB矩陣p中，而后使用繪圖指令顯示人口的變化形態，代碼為c08.m。

t=p（:, 1）;
plot（t, p（:, 2）, t, p（:, 3）, 'r', t, p（:, 4）, 'k', t, p（:, 5）, 'm'）
text（1995, 5500, 'WORLD'）
text（1995, 1500, 'China'）
text（1995, 1000, 'India'）
text（1995, 500, 'USA'）

運行后顯示的圖形見圖4-7。

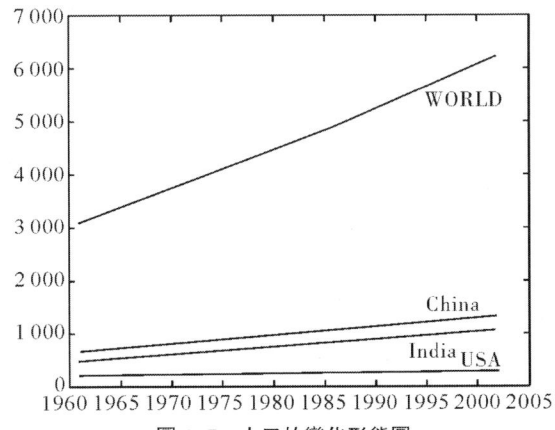

圖4-7　人口的變化形態圖

從圖4-7中可以看出，世界、中國、印度、美國的人口數據均在增長，局部特徵不明顯。於是，我們來觀察人口自然增長率的變化。使用MATLAB計算、繪圖，代碼為c08.m。

q=（p（2: n, 2: 5）-p（1:（n-1）, 2: 5））./p（1:（n-1）, 2: 5）;
q=[p（2: n, 1）q]
t2=q（:, 1）;
plot（t2, q（:, 2）, t2, q（:, 3）, 'r', t2, q（:, 4）, 'k', t2, q（:, 5）, 'm'）
text（1995, 0.020, 'India'）
text（1995, 0.015, 'WORLD'）
text（1980, 0.013, 'China'）
text（1980, 0.009, 'USA'）

運行后顯示的圖形見圖 4-8。

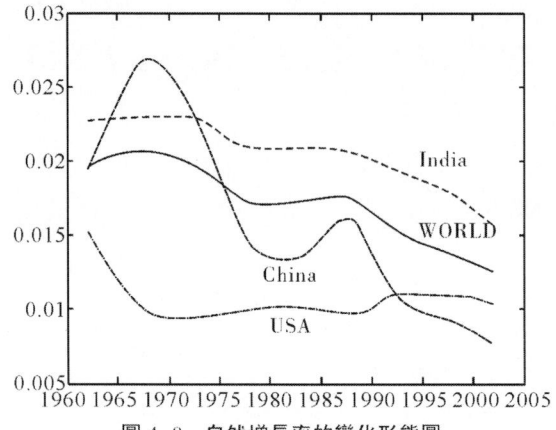

圖 4-8　自然增長率的變化形態圖

　　從圖 4-8 中可以看出，中國人口數據的變化比較畸形，在三年自然災害后到「文化大革命」爆發之間，中國進入生育高峰期，人口快速增長；進入「文化大革命」時期，人口增長逐漸減緩；「文化大革命」后，雖然受到計劃生育政策影響（1982 年計劃生育定為基本國策），人口自然增長率開始下降，但受上一次生育高峰期時人口進入育齡期的影響，1984—1990 年產生又一輪生育高峰，而后一直降低。鑒於此，中國人口數據適合做典型數據進行模型分析，我們採用世界人口數據進行模型分析。

2.　估

（1）Malthus 模型參數估計

採用最小二乘法，使用 MATLAB 計算，對 Malthus 模型參數 r 進行參數估計。

使用 MATLAB 的函數文件，建立離差平方和運算函數，代碼為 c09.m。

function y = fun1（r）

t =（1961：2002）-1961；

x = [3080.13　　3140.783　　3203.5　　3268.221　　3334.879　　3403.433
　　3473.771　　3545.606　　3618.625　　3692.499　　3767.21　　3842.657
3918.334　　3993.607　　4068.113　　4141.594　　4214.269　　4286.788
4360.032　　4434.675　　4510.809　　4588.263　　4667.307　　4748.187
4830.98　　4915.874　　5002.601　　5090.24　　5177.546　　5263.586
5348.014　　5430.971　　5512.714　　5593.732　　5674.381　　5754.69
5834.504　　5913.786　　5992.485　　6070.586　　6148.063　　6224.978]；

y = sum（(x (1) * exp (r*t) -x).^2）；

繪圖，觀察離差平方和運算函數是否有最小值，代碼為 c10.m。

r = 0.01：0.001：0.02；

for i = 1：length（r）

y (i) = c09 (r (i))；

end

plot（r, y）

使用最優化指令fminbnd指令，求參數值，代碼為c10.m。

r=fminbnd（'c09（x）', 0.01, 0.02）

得到的最終結果為：

r = 0.017 994

（2）Logistic 模型參數估計

採用最小二乘法，使用 MATLAB 計算，對 Logistic 模型參數 r、x_m 進行參數估計。

使用 MATLAB 的函數文件，建立離差平方和運算函數，代碼為 c11.m。

function y=fun2（x）

t=（1961:2002）-1961;

x0 = [3080.13   3140.783   3203.5   3268.221   3334.879   3403.433
3473.771   3545.606   3618.625   3692.499   3767.21   3842.657
3918.334   3993.607   4068.113   4141.594   4214.269   4286.788
4360.032   4434.675   4510.809   4588.263   4667.307   4748.187
4830.98   4915.874   5002.601   5090.24   5177.546   5263.586
5348.014   5430.971   5512.714   5593.732   5674.381   5754.69
5834.504   5913.786   5992.485   6070.586   6148.063   6224.978];

y=sum（（x（2）./（1+（x（2）/x0（1）-1）*exp（-x（1）*t））-x0）.^2）;

繪圖，觀察離差平方和運算函數是否有最小值，代碼為 c12.m。

r=0.01:0.001:0.06;

xm=6000:200:20000;

for i=1: length（r）

for j=1: length（xm）

z（i, j）=c11（[r（i）, xm（j）]）;

end

end

surf（r, xm, z'）

contour（r, xm, z', 100）

使用最優化指令 fminunc 指令，編程搜索參數值，代碼為 c12.m。

r=fminunc（@c11, [0.02, 10000]）

f0=inf;

for i=0.01:0.01:0.06

for j=8000:500:20000

[r, f] =fminunc（@c11, [i, j]）;

if f<f0

f0=f;

r0=r;

```
        end
      end
    end
r = r0
```
得到的最終結果為：

$r = 0.028679$, $x_m = 11500$

3.

將參數估計的結果分別代入 Malthus 模型及 Logistic 模型中，計算世界人口預測數據，並與實際數據比較，代碼為 c13.m。

t=1961：2002；

x = [3080.13   3140.783   3203.5   3268.221   3334.879   3403.433
3473.771   3545.606   3618.625   3692.499   3767.21   3842.657
3918.334   3993.607   4068.113   4141.594   4214.269   4286.788
4360.032   4434.675   4510.809   4588.263   4667.307   4748.187
4830.98   4915.874   5002.601   5090.24   5177.546   5263.586
5348.014   5430.971   5512.714   5593.732   5674.381   5754.69
5834.504   5913.786   5992.485   6070.586   6148.063   6224.978]；

r=0.017994

plot（t, x, t, x（1）*exp（r*（t-1961）），'r*'）

text（1965, 6000, 'Malthus 模型'）

text（1965, 5750, '-實際數據'）

text（1965, 5500, '. 預測數據'）

r = [0.028679   11500]

plot(t,x,t,r(2)./(1+(r(2)/x(1)-1)*exp(-r(1)*(t-1961))),'r*')

text（1965, 6000, 'Logistic 模型'）

text（1965, 5750, '-實際數據'）

text（1965, 5500, '* 預測數據'）

運行后顯示的圖形見圖 4-9、圖 4-10。

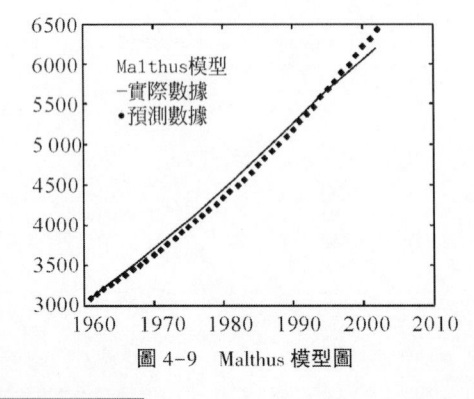

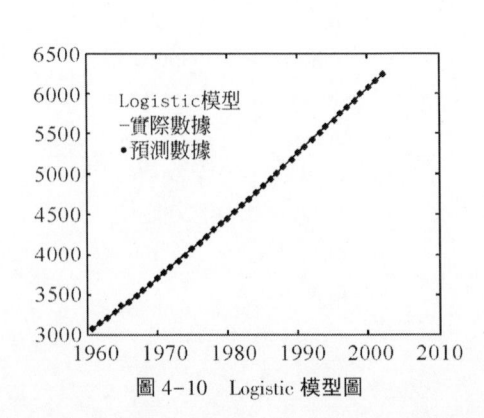

圖 4-9 Malthus 模型圖

圖 4-10 Logistic 模型圖

從圖中可以看出，Malthus 模型預測效果不太理想，並且偏差越來越大，Logistic 模型預測效果比較理想。

4. 人口

採用 Logistic 模型預測未來人口變化，數據使用 2000—2014 年世界、中國、印度、美國、日本的人口數據，數據來源：世界銀行。

表 4-6　　　　2000—2014 年世界、中國、印度、美國、日本的人口數據　　　單位：百萬人

年份	世界	中國	印度	美國	日本
2000	6 101.96	1 267.43	1 042.26	282.16	126.84
2001	6 179.98	1 276.27	1 059.5	284.97	127.15
2002	6 257.4	1 284.53	1 076.71	287.63	127.45
2003	6 334.78	1 292.27	1 093.79	290.11	127.72
2004	6 412.47	1 299.88	1 110.63	292.81	127.76
2005	6 490.29	1 307.56	1 127.14	295.52	127.77
2006	6 568.34	1 314.48	1 143.29	298.38	127.85
2007	6 646.37	1 321.29	1 159.1	301.23	128
2008	6 725.58	1 328.02	1 174.66	304.09	128.06
2009	6 804.92	1 334.5	1 190.14	306.77	128.05
2010	6 884.35	1 340.91	1 205.62	309.35	128.07
2011	6 964.28	1 347.35	1 221.16	311.72	127.82
2012	7 042.94	1 354.04	1 236.69	314.11	127.56
2013	7 124.95	1 360.72	1 252.14	316.5	127.34
2014	7 207.74	1 367.82	1 267.4	318.86	127.13

使用最小二乘法，計算中國、印度兩國人口數據的 Logistic 模型參數值：
$r = 0.036251$，$x_m = 1549.7$ 及 $r = 0.03974$，$x_m = 1781.5$
代入 Logistic 模型，預測未來。MATLAB 代碼為 c14.m。

t = 2000：2014；
t2 = 2000：2030；
x = p（:，3）';
r = [0.036251　　　1549.7]
plot(t,x,t2,r(2)./(1+(r(2)/x(1)-1)*exp(-r(1)*(t2-2000))),'r.')
hold on
x = p（:，4）';
r = [0.03974　　　1781.5]
plot(t,x,t2,r(2)./(1+(r(2)/x(1)-1)*exp(-r(1)*(t2-2000))),'r.')

text（2005, 1350, 'China'）
text（2005, 1200, 'India'）
運行后顯示的圖形見圖 4-11。

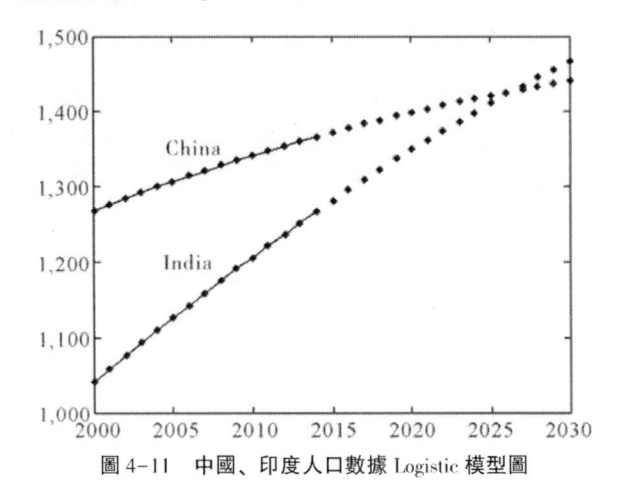

圖 4-11　中國、印度人口數據 Logistic 模型圖

從圖中可以看出，印度人口的增長速度高於中國，大致在 2026 年印度人口將超過中國，成為人口第一大國。

習題四

1. 使用 MATLAB 解代數方程。
（1）$23x^5 + 105x^4 - 10x^2 + 17x = 0$
（2）$\begin{cases} xy^2 + z^2 = 0 \\ x - y = 1 \\ x^2 - 5y - 6 = 0 \end{cases}$

2. 使用 MATLAB 解微分方程。
（1）$xy' = y\ln(xy) - y$
（2）$\begin{cases} y'' - y' + 2y = e^x \\ y(0) = 0.5, \ y'(0) = 1 \end{cases}$

3. 一起交通事故發生 3 個小時后，警方測得司機血液中酒精的含量是 56/100（毫克/毫升），又過兩個小時，含量降為 40/100（毫克/毫升）。試判斷：當事故發生時，司機是否為醉酒駕駛［不超過 80/100（毫克/毫升）］。

4. 現有一體重為 60 千克的人，口服某藥 0.1 克后，經 3 次檢測得到數據如下：服藥后 3 小時血藥濃度為 763.9 納克/毫升，服藥 18 小時后血藥濃度為 76.39 納克/毫升，服藥 20 小時后血藥濃度為 53.4 納克/毫升。設相同體重的人的藥物代謝的情況相同。
（1）問一體重 60 千克的人第一次服藥 0.1 克劑量后的最高血藥濃度是多少？
（2）為保證藥效，在血藥濃度降低到 437.15 納克/毫升時應再次口服藥物，其劑量

應使最高濃度等於第一次服藥后的最高濃度。求第二次口服藥物的時間與第一次口服藥物的時間的間隔和劑量。

5. 為迎接香港迴歸，柯受良於 1997 年 6 月 1 日駕車飛越黃河壺口。柯受良和其座駕合計重約 100 千克，東岸跑道長 265 米，柯受良駕車從跑道東端起動，到達跑道終端時速度為 150 千米/小時，他隨即從仰角 5°衝出，飛越跨度為 57 米安全落到西岸木橋上。問：

（1）柯受良跨越黃河用了多長時間？

（2）若起飛點高出河面 10 米，柯受良駕車飛行的最高點離河面多少米？

（3）西岸木橋橋面與起飛點的高度差是多少米？

（4）假設空氣阻力與速度的平方成正比，比例系數為 0.2，重新討論問題（1）（2）（3）的結果。

第五章　MATLAB 程序設計

　　MATLAB 是一種用於數值計算、可視化及編程的高級語言。

　　MATLAB 是最「古老」的解釋性語言。在數學建模領域，MATLAB 的出現，讓很多數學研究得到大力的推進，而它的流行，也正得益於它的解釋性。MATLAB 採用類似 C 語言的高級語言語法，可以使用簡單的英語語法，容易閱讀，加上它的解釋性可以及時映射計算方法結果，這讓專業領域內的研究者從複雜的計算機語言中脫離出來，而只需要關心自身領域的內容。

　　MATLAB 的底層是 C 語言編寫的，執行效率比 C 語言低，但 MATLAB 語法簡單許多，使用 MATLAB 語言編程和開發算法的速度比使用 BASIC、FORTRAN、C、C++等其他高級計算機語言有大幅提高，這是因為 MATLAB 語言編程無須執行諸如聲明變量、指定數據類型以及分配內存等低級管理任務。在很多情況下，支持向量運算和矩陣運算就無須使用 for 循環。因此，一行 MATLAB 代碼有時等同於數行 C 代碼或 C++代碼。

　　MATLAB 工具箱和附加產品可針對信號處理與通信、圖像和視頻處理、控制系統以及許多其他領域提供各種內置算法。通過將這些算法與自己的算法結合使用，MATLAB 可以構建複雜的程序和應用程序。

第一節　MATLAB 程序語言

一、m 文件

　　在執行 MATLAB 命令時，可以直接在命令窗門中逐條輸入后執行。當命令行很簡單時，使用逐條輸入方式還是比較方便的。但當命令行很多時，顯然再使用這種方式輸入 MATLAB 命令，就會顯得雜亂無章，不易於把握程序的具體走向，並且給程序的修改和維護帶來了很大的麻煩。針對此問題，MATLAB 提供了另一種輸入命令並執行的方式：m 文件工作方式，即把要執行的命令全部寫在一個文本文件中。這樣，既能使程序顯得簡潔明瞭，又便於對程序的修改與維護。

　　所謂 m 文件就是由 MATLAB 語言編寫的可在 MATLAB 語言環境下運行程序源代碼文件，它是一種 ASCII 型的文本文件，其擴展名為.m。m 文件直接採用 MATLAB 命令編寫，就像在 MATLAB 的命令窗口直接輸入命令一樣，因此調試起來也十分方便，並且增強了程序的交互性。與其他文本文件一樣，m 文件可以在任何文本編輯器中進行編

輯、存儲、修改和讀取。

m 文件有兩種形式：一種是命令集文件或稱腳本文件（Script），另一種就是函數文件（Function）形式。

1. **腳本文件**

腳本文件是若幹 MATLAB 命令的集合文件。下面用一個簡單例子說明如何編寫和運行腳本文件。

例 5.1　使用 m 文件，求已知三邊長度的三角形面積。

操作方法如下：

（1）創建新的 m 文件。

通過 MATLAB 菜單 File \ New \ M-File 選項或單擊工具欄 New Scripe 圖標，新建一個 m 文件。

（2）在腳本窗口中編寫如下代碼：

a=3，b=4，c=5，
p=（a+b+c）/2；
s=sqrt（p*（p-a）*（p-b）*（p-c））

（3）保存至文件 c01 中：

c01.m

（4）運行。

運行有多種方式，常用的有兩種。命令窗口中鍵入 c01 後回車，或在 m 文件窗口按 F5 鍵，執行結果顯示在命令窗口：

a =

　　3

b =

　　4

c =

　　5

s =

　　6

腳本的操作對象為 MATLAB 工作空間內的變量，並且在腳本執行結束後，腳本中對變量的一切操作均會被保留。

2. **函　文　件**

相對於腳本文件而言，函數文件略為複雜。函數文件需要給定輸入參數，並能夠對輸入變量進行若幹操作，實現特定的功能，最后給出一定的輸出結果或圖形，等等。另外，其操作對象為函數的輸入變量和函數內的局部變量等，其代碼組織結構和調用方式與腳本文件也截然不同。

函數文件的代碼分為兩個部分：函數題頭、函數體。

函數題頭是指函數的定義行，是函數語句的第一行，在該行中將定義函數名、輸

入變量列表及輸出變量列表等。

function [out1, out2, ...] = myfun (in1, in2, ...)

函數體是指函數代碼段，也是函數的主體部分。

例 5.2 建立 m 函數文件：定義函數

$f(x, y) = 100(y - x^2) + (1 - x)^2$

並計算 $f(1, 2)$。

操作方法如下：

（1）創建新的 M 文件。

（2）在腳本窗口中編寫如下代碼：

function f=fun (x, y)

f=100*（y-x^2）^2+（1-x）^2;

（3）保存至文件 fun 中：

fun. m

（4）調用。

在命令窗口中鍵入 fun（1，2）后回車，執行結果顯示在命令窗口：

ans =

100

在 MATLAB 中調用函數文件時，系統查詢的是相應的文件而不是函數名，建議存儲函數文件時文件名應與文件內主函數名一致，以便於理解和使用。

二、流程控制語句

作為一種高級程序語言，同其他的程序設計語言一樣，MATLAB 語言也給出了豐富的流程控制語句。

MATLAB 程序一般可分為三大類：順序結構、分支結構、循環結構。順序結構是 MATLAB 程序結構的基本形式，依照自上而下的順序進行代碼的執行；分支結構的控制語句為 if 語句及 switch 語句；循環結構的控制語句為 for 語句及 while 語句等。

1. if 句

if 語句是分支結構的控制語句，是程序設計語言中流程控制語句之一。使用該語句，可以選擇執行指定的命令。if 語句的調用格式有以下三種：

（1）簡單條件語句：

if expression

statements

end

表達式 expression 為邏輯判斷語句。如果 expression 中的所有元素為真（非零），那麼就執行 if 和 end 之間的 statements。

（2）多選擇條件語句：

if expression

    statements1
 else
    statements2
end

如果在表達式 expression 中的所有元素為真（非零），那麼就執行 if 和 else 語言之間的 statements1；否則，就執行 else 和 else 語言之間的 statements2。

（3）多條件條件語句：

if expression1
    statements1
elseif expression2
    statements2
……
else
    statements3
end

在以上的各層次的邏輯判斷中，若其中任意一層邏輯判斷為真，則將執行對應的執行語句，並跳出該條件判斷語句，其后的邏輯判斷語句均不進行檢查。

例 5.3　分段函數

$$y = \begin{cases} -1 & x < 0 \\ 0 & x = 0 \\ 1 & x > 0 \end{cases}$$

輸入一個 x 的值，輸出符號函數 y 的值。

編寫代碼 c03.m 如下：

x = input（'x ='）;
if x<0
    y = -1
elseif x = = 0
    y = 0
else
    y = 1
end

運行該程序，提示：

x =

輸入 3，回車，結果如下：

y =

    1

此函數也可以採用 m 函數文件編寫。

2. switch 句

switch 語句也是分支結構的控制語句，常用語針對某個變量的不同取值來進行不同的操作。switch 語句的調用格式為：

switch switch_expr
case case_expr1
    statement1
case case_expr2
    statement2
……
otherwise
    statement3
end

其中：switch_expr 為選擇判斷量，case_expr 為選擇判斷值，statement 為執行語句。

例5.4　編寫代碼 c04.m 如下：

month = input（『month =』）；
switch month
case {3，4，5}
season = ' spring '
case {6，7，8}
season = ' summer '
case {9，10，11}
season = ' autumn '
otherwise
season = ' winter '
end

運行該程序，提示：

month =

輸入 3，回車，結果如下：

season =

spring

3. for 句

for 語句是流程控制語句中的基礎，使用該語句可以以指定的次數重複執行循環體內的語句。for 語句的調用格式為：

for index = values
    program statements
end

其中：index 為循環控制變量，values 為循環變量的取值，program statements 為循

環體，index 按順序在 values 取值，每取值一次，執行一次 program statements。

在 MATLAB 中，values 為一個矩陣，其特殊情況為一個向量，最常見的形式是：
index = a：t：b
即：
循環變量 = 初始值：步長：終值
默認：步長 = 1

例 5.5　生成一個 6 階矩陣，使其主對角線上元素皆為 1，與主對角線相鄰元素皆為 2，其餘皆為 0。

編寫代碼 c05.m 如下：
```
for i=1：6
for j=1：6
if i==j
a (i, j) = 1;
elseif abs (i-j) = = 1
a (i, j) = 2;
else
a (i, j) = 0;
end
end
end
a
```
運行結果如下：
```
a =
    1    2    0    0    0    0
    2    1    2    0    0    0
    0    2    1    2    0    0
    0    0    2    1    2    0
    0    0    0    2    1    2
    0    0    0    0    2    1
```

把此矩陣直接輸入 MATLAB 中並不困難，但若將矩陣的階數改為 100 或更大，程序則具有較大的優勢。

例 5.6　觀察代碼 c06.m：
```
sum = zeros (6, 1);
for n = eye (6, 6)
sum = sum+n;
end
sum
```
運行結果是多少？

循環變量的取值為矩陣的一列！

4. while 句

while 語句與 for 語句不同的是，前者是以條件的滿足與否來判斷循環是否結束的，而后者則是以執行次數是否達到指定值為判斷依據。while 語句的調用格式為：

while expression

program statements

end

其中：expression 為循環判斷的語句，program statements 為循環體。

例5.7　求自然數的前 n 項之和。

編寫代碼 c07.m 如下：

n=input（'n='）；

sum=0；k=1；

while k<=n

sum=sum+k；

　k=k+1；

end

sum

運行該程序，n 取 100，結果如下：

sum =

　　　5050

需要說明的是，該程序是正確的，但不是一個「好」的程序，「好」的代碼應該清晰易懂、算法簡單、存儲量小。

修改代碼如下：

n=input（'n='）；

sum=0；

for k=1：n

sum=sum+k；

end

sum

由於是 MATLAB，故代碼如下：

sum（1：n）

然而，在命令窗口鍵入代碼 sum（1：n）后再回車，報錯：

??? Index exceeds matrix dimensions.

解決方法：在命令窗口鍵入

clear sum

回車，而后鍵入代碼 sum（1：n）后回車，正確！為什麼？

讀者可能會問：自然數的前 n 項之和太簡單了，我知道公式，不用這麼複雜？如

果該題目改成：求自然數的前 n 項 3 次方之和（或更高次方），MATLAB 仍然沒有問題：

sum（(1：n).^3）

在 while 語句中，在語句內必須有可以修改循環控制變量的命令，否則該循環語言將陷入死循環中，除非循環語句中有控制退出循環的命令，如 break 語句。

MATLAB 提供了兩個程序流控制指令 break、continue 用於控制循環語句，break 的作用是跳出循環，continue 的作用是結束本次循環、繼續進行下次循環，這兩個指令一般和 if 語句結合使用。

例 5.8　連續奇數求和，從 1 開始一直到和達到 1 000 為止。問：加了哪一項？
編寫代碼 c08.m 如下：

clear
sum1 = 0;
for i = 1：100
　　n = 2 * i - 1;
if sum1 < 1000
　　　sum1 = sum1 + n;
else
break
end
end
sum1, n

運行結果如下：

sum1 =
　　1024
n =
　　65

然而，執行代碼
sum（1：2：65）
結果為：
ans =
　　1089
即：程序是錯誤的，為什麼？
正確的代碼應為：
clear
sum1 = 0;
for i = 1：100
if sum1 < 1000
　　n = 2 * i - 1;

```
            sum1 = sum1+n;
    else
    break
    end
end
sum1，n
```

本題的簡單代碼為：
```
clear
sum1 = 0; n = -1;
while sum1<1000
    n = n+2;
    sum1 = sum1+n;
end
sum1，n
```

第二節　哥德巴赫猜想

本節介紹幾個編程實例。

一、繪圖

例5.9　繪製空間曲面圖：

$$z = \begin{cases} e^{-0.75y^2-3.75x^2-1.5x} & x+y>1 \\ e^{-y^2-6x^2} & -1<x+y\leq 1 \\ e^{-0.75y^2-3.75x^2+1.5x} & x+y\leq -1 \end{cases}$$

解　取 $-2\leq x, y\leq 2$

空間曲面繪圖要求在 x，y 取值點構成的網格內，計算函數 z 的值。

由於二元函數為分段函數，所以，採用 MATLAB 編程的方式解決函數 z 值的計算問題。

編寫代碼 c09.m 如下：
```
[x, y] =meshgrid (-2: 0.2: 2);
for i=1: size (x, 1)
for j=1: size (x, 2)
    if x (i, j) +y (i, j) >1
z (i, j) = exp (-0.75*y (i, j) ^2-3.75*x (i, j) ^2-1.5*x (i, j) );
    elseif x (i, j) +y (i, j) <=-1
z (i, j) = exp (-0.75*y (i, j) ^2-3.75*x (i, j) ^2+1.5*x (i, j) );
```

```
            else z(i,j)=exp(-y(i,j)^2-6.*x(i,j)^2);
        end
    end
end
surf(x,y,z)
```
運行結果顯示如圖5-1所示。

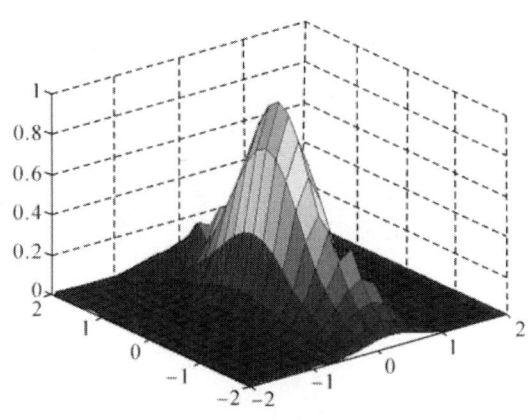

圖5-1 空間曲面圖（例5.9）

使用MATLAB特有的功能，也可通過矩陣的計算，實現函數z值的計算問題。
編寫代碼c09.m如下：
```
[x,y]=meshgrid(-2:0.2:2);
z=exp(-0.75*y.^2-3.75*x.^2-1.5*x).*(x+y>1)  ...
  +exp(-0.75*y.^2-3.75*x.^2+1.5*x).*(x+y<=-1) ...
  +exp(-y.^2-6.*x.^2).*((x+y>-1)&(x+y<=1));
surf(x,y,z)
```
例5.10 在同一空間直角坐標系中，繪製曲面圖單葉雙曲面、橢圓錐面。

解 單葉雙曲面、橢圓錐面標準方程分別為：
$$\frac{x^2}{a^2}+\frac{y^2}{b^2}-\frac{z^2}{c^2}=1, \quad \frac{x^2}{a^2}+\frac{y^2}{b^2}-\frac{z^2}{c^2}=0$$

令 $a=1$, $b=1$, $c=2$

若取 $-2 \leq x$, $y \leq 2$，計算z值，繪製單葉雙曲面，
```
[x,y]=meshgrid(-2:0.2:2);
z=real(sqrt(2*(x.^2+y.^2-1)));
surf(x,y,z)
```
得到的圖形結果將是圖5-2：

這顯然不是我們想得到的。

於是，採用編程的方式繪製MATLAB圖形。

編寫代碼c10.m如下：

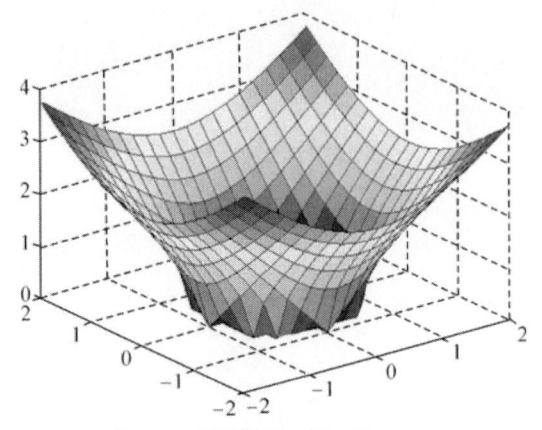

圖 5-2　單葉雙曲面圖（例 5.10）

```
n=10; m=30;
k=0;
for i=-2: 1/n: 2
    k=k+1;
    x (k,:) = linspace (-sqrt (1+i^2/2), sqrt (1+i^2/2), 2*n+1);
    y (k,:) = real (sqrt (1+i^2/2-x (k,:).^2) );
z (k,:) = ones (1, 2*n+1) *i;
end
x= [x -x]; y= [y -y];
z= [z z];
mesh (x, y, z)
hidden off
hold on
clear x y z
k=0;
for i=-2: 1/n: 2
    k=k+1;
    x (k,:) = linspace (-sqrt (i^2/2), sqrt (i^2/2), 2*n+1);
    y (k,:) = real (sqrt (i^2/2-x (k,:).^2) );
z (k,:) = ones (1, 2*n+1) *i;
end
x= [x -x]; y= [y -y];
z= [z z];
surf (x, y, z)
```

運行結果顯示如圖 5-3 所示。

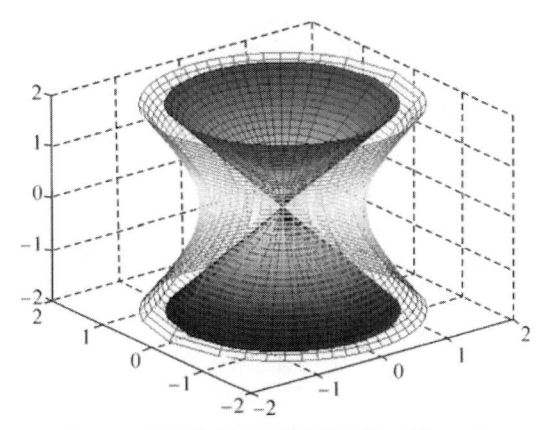

圖 5-3　單葉雙曲面與橢圓錐面圖（例 5.10）

二、Fibonacci 數列

斐波那契（Fibonacci）數列指的是這樣一個數列：
1，1，2，3，5，8，13，21…
這個數列從第三項開始，每一項都等於前兩項之和。

例 5.11　生成長度為 n 的 Fibonacci 數列。

解　Fibonacci 數列通項滿足：
$F(1) = F(2) = 1$
$F(n) = F(n-1) + F(n-2)$　$n \geq 3$

編寫代碼 fb.m 如下：

```
function f=fb（n）
if n==1
    f=1；
elseif n==2
    f=[1 1]；
else
    f=[1 1]；
for i=3：n
f（i）=f（i-1）+f（i-2）；
end
end
```

在命令窗口輸入：fb（10），回車，結果如下：
ans =
　　1　　1　　2　　3　　5　　8　　13　　21　　34　　55

Fibonacci 數列，又稱黃金分割數列。當 n 趨向於無窮大時，前一項與后一項的比

值越來越逼近黃金分割數0.618。可以編程驗證這一結果，編寫代碼c11.m如下：
　　c=fb（11）；
　　b=c（1：10）./c（2：11）
　　a=fb（101）；
　　a（100）/a（101）；
　　vpa（ans）
　　運行結果如下：
　　b =
　　　1.0000　　0.5000　　0.6667　　0.6000　　0.6250　　0.6154　　0.6190
　0.6176　　0.6182　　0.6180
　　ans =
　　0.61803398874989490252573388711907

三、素數

例5.12 求$n=100$以內的所有素數。

解 所謂素數是指除了1和它本身以外不能被任何整數整除的數。因此，判斷一個整數i是不是素數，只需把i被2和$\sqrt{i}$之間的每一個整數去除，如果都不能被整除，那麼i就是一個素數。

使用for語句構造循環，若不滿足條件使用break退出，使用MATLAB矩陣特有的功能記錄素數。算法的流程如下：

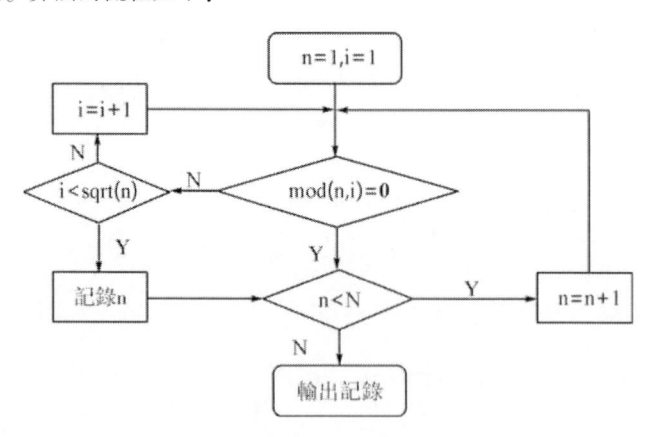

圖5-4　流程圖

編寫代碼c12.m如下：
n=100；
prime=［2］；k=0；
for i=3：n
　for m=2：sqrt（i）

```
                if mod (i, m) = =0
                            k=1;
            break;
            else
                            k=0;
            end
            end
            if k= =0
            prime= [prime [i] ];
            end
            end
            prime
```

運行結果如下：

prime =

  2 3 5 7 11 13 17 19 23 29 31 37

  41 43 47 53 59 61 67 71 73 79 83 89

97

  MATLAB自帶的素數生成指令為：premes。其算法雖然更優，但算法已不是我們通常理解的算法，感興趣的讀者可以自己思考。其代碼如下：

```
function p = primes (n)
if length (n) ~=1
error ('MATLAB: primes: InputNotScalar', 'N must be a scalar');
end
if n<2, p = zeros (1, 0, class (n) ); return, end
p = 1: 2: n;
q =length (p);
p (1) = 2;
for k = 3: 2: sqrt (n)
if p ( (k+1) /2)
p ( ( (k*k+1) /2): k: q) = 0;
end
end
p =p (p>0);
```

四、驗證哥德巴赫猜想

  哥德巴赫猜想：所有大偶數均為兩素數之和。

  例5.13 驗證哥德巴赫猜想。

  解 構造循環，檢驗大偶數是否等於兩個素數之和，若存在不滿足，顯示：

Goldbach conjecture error

否則，顯示矩陣：第一行為大偶數，第二、三行為等於兩個素數之和的兩個素數，及

Goldbach conjecture right

使用 MATLAB 自帶的素數生成指令：ispreme。

編寫代碼 c13.m 如下：

```
n=1000;
for i=4:2:n
    k=0;
for j=2:i/2
if isprime (j) &isprime (i-j)
m (1:3, i/2-1) = [i j i-j] ';
        k=1;
break
end
end
if k==0
disp ('Goldbach conjecture error')
break
end
end
if k==1
m
disp ('Goldbach conjecture right')
end
```

運行結果如下（部分結果）：

m =

992	994	996	998	1000
421	491	487	499	491
571	503	509	499	509

Goldbach conjecture right

第三節　個人所得稅問題

一、個人所得稅的計算

個人所得稅（Personal Income Tax）是調整徵稅機關與自然人（居民、非居民人）

之間在個人所得稅的徵納與管理過程中所發生的社會關係的法律規範的總稱。

我們常說的個人所得稅是指工資、薪金等所得，適用 7 級超額累進稅率，按月應納稅所得額計算徵稅。

2011 年 9 月 1 日起調整后的 7 級超額累進個人所得稅稅率表見表 5-1。

表 5-1　　　　　　　　7 級超額累進個人所得稅稅率表　　　　　　　單位：元

級數	全月應納稅所得額 （基數 3 500 元）	年終獎	稅率（%）
1	0～1 500	(0, 18 000)	3
2	1 500～4 500	(18 000, 54 000)	10
3	4 500～9 000	(54 000, 108 000)	20
4	9 000～35 000	(108 000, 420 000)	25
5	35 000～55 000	(420 000, 660 000)	30
6	55 000～80 000	(660 000, 960 000)	35
7	80 000 以上	(960 000, ∞)	45

個人所得稅按月徵收。在一個納稅年度內，每一個納稅人還可享受一次一次性獎金的優惠，俗稱年獎金。按月徵收的稅率為超額累進稅率，而年獎金稅率為一次性稅率。

例 5.14　建立 MATLAB 納稅額計算函數。

解　程序是一個多條件分支語句。

按月徵收納稅額計算函數的編寫代碼 t1.m 如下：

```
function f=tax（x）
t=x-3500；
if t<=0
    f=0；
elseif t<=1500
    f=t*0.03；
elseif t<=4500
    f=45+（t-1500）*0.1；
elseif t<=9000
    f=345+（t-4500）*0.2；
elseif t<=35000
    f=1245+（t-9000）*0.25；
elseif t<=55000
    f=7745+（t-35000）*0.3；
elseif t<=80000
    f=13745+（t-55000）*0.35；
```

else

　　f=22495+（t-80000）*0.45；

end

年獎金納稅額計算函數的編寫代碼t2.m如下：

function f=tax2（t）

if t<=18000

　　f=t*0.03；

elseif t<=54000

　　f=t*0.1；

elseif t<=108000

　　f=t*0.2；

elseif t<=420000

　　f=t*0.25；

elseif t<=660000

　　f=t*0.3；

elseif t<=960000

　　f=t*0.35；

else

　　f=t*0.45；

end

例如，某人月收入（應納稅所得額）為50 000元，計算此人全部收入按月納稅的每月納稅額、全部收入按年獎金發放的每月納稅額（近似）、全部收入按月和年獎金各發放一半的每月納稅額。編寫代碼c14.m如下：

t1（50000）

t2（50000*12）/12

t1（50000/2）+t2（50000*12/2）/12

運行結果如下：

ans =

　　11195

ans =

　　15000

ans =

　　10620

從結果可以看出，合理分配月收入和年獎金，可以做到合理避稅。

二、個人收入的合理分配

例5.15　如何合理分配月收入、年獎金，達到合理避稅、增加實際收入的目的。

解　假設某人每年收入確定，一部分收入每月平攤，另一部分按年獎金發放。採

用定步長搜索的方法，搜索、記錄納稅額最小值。

編寫代碼 t3.m 如下：
function [mint, k1] = tax3 (x)
%x 為月收入，mint 為最小納稅額，k1 為每月移到年獎金的收入額。
k = 0;
mint = t1 (x);
k1 = 0;
while k<x
  d1 = t1 (x-k) + (t2 (12 * k) /12);
if mint>d1+0.0001
mint = d1;
  k1 = k;
end
  k = k+1;
end

例如，某人月收入（應納稅所得額）為 50 000 元，計算此人最優收入分配方式，在命令窗口鍵入：
[mint, k] = t3 (50000)
回車執行，結果如下：
mint =
  10295
k =
  4500

即：此人每月發放工資 50 000-4 500 = 44 500 元，4 500 元按年獎金發放，則實際收入最高，每月平均扣稅 10 295 元。

事實上，月收入為 51 000 元，最優收入分配方式也是每月的 4 500 元按年終獎發放，那麼數據有什麼規律嗎？

例 5.16 將月收入、年獎金合理避稅的優化分配方式列表。

解 考察 10 萬元以內月收入人群，將月收入、年獎金合理避稅的優化分配方式列表。第一、二、三、四行分別代表月收入、按月發放數額、移到年獎金數額、平均實際月收入。為簡化表格，我們將按月發放數額相同或移到年獎金數額相同的項目合併表示。

考慮以 100 元為步長，編寫代碼 c16.m 如下：
s = 100000; n = s/100;
for i = 1: n
A (1, i) = 100 * i;
  [mint, k1] = t3 (A (1, i));
  A (2: 4, i) = [A (1, i) -k1; k1; A (1, i) -mint];

end

B=A（：，1）；k=1；
for j=2：n
if A（2，j）~=B（2，k）& A（3，j）~=B（3，k）
B（：，[k+1 k+2]）=A（：，[j-1 j]）；
　　k=k+2；
end
end
B（：，k+1）=A（：，n）

在程序中，矩陣 A 記錄的是所有 100~100 000 元月收入以 100 為步長的收入數據，矩陣 B 記錄的是簡化數據。程序運行結果如下：

B =

Columns 1 through 5

100	5000	5100	6500	6600
100	5000	5000	5000	5100
0	0	100	1500	1500
100	4955	5052	6410	6500

Columns 6 through 10

10500	10600	12500	12600	56500
9000	8000	8000	8100	52000
1500	2600	4500	4500	4500
9910	9995	11705	11785	44255

Columns 11 through 14

56600	73500	73600	100000
38500	38500	38600	65000
18100	35000	35000	35000
44330	57005	57075	75230

將月收入、年獎金合理避稅的優化分配方式列表，如表 5-2 所示。

表 5-2　　　　月收入、年獎金合理避稅的優化分配方式表　　　　單位：元

月收入	100~ 5 000	5 100~ 6 500	6 600~ 10 500	10 600~ 12 500	12 600~ 56 500	56 600~ 73 500	73 600~ 100 000
月發放額		5 000		8 000		38 500	
年獎金額	0		1 500		4 500		35 000
實際收入	100~ 4 955	5 052~ 6 410	6 500~ 9 910	9 995~ 11 705	11 785~ 44 255	44 330~ 57 005	57 075~ 75 230

顯然，若一部分收入每月平攤，另一部分按年獎金發放，當月收入與年獎金對應

稅率相同時，總納稅額最低。編程也可以沿盡量按月發放的思路編寫程序。

第四節　貸款計劃

貸款是銀行或其他金融機構按一定利率和必須歸還等條件出借貨幣資金的一種信用活動形式。

一、貸款計算

1. 等　本息

等額本息貸款計算是典型的規則現金流的計算問題。其計算公式如下：

$$PV = \sum_{t=1}^{n} \frac{P}{(1+r)^t} = \frac{P}{r}\left(1 - \frac{1}{(1+r)^n}\right)$$

其中：PV 代表現值，P 代表現金流數額，r 代表利率，n 代表期數。

例 5.17　求現金流數額、期數、利率。

解

已知 PV、r、n，現金流數額

$$P = \frac{PV \times r}{1 - \dfrac{1}{(1+r)^n}}$$

已知 PV、P、r，貸款期數

$$n = \log_{1+r} \frac{P}{P - PV \times r}$$

然而，利率 r 不容易簡單求得，需要解方程。

例如：貸款 500 000 元，4 年還清，每月 13 000 元，年利率為多少？

使用 MATLAB 計算，編寫代碼 c17.m 如下：

```
pv=500000，n=4，p=13000
syms r
solve（p/r*（1-1/（1+r）^（n*12））-pv）；
rate=ans（1）*12
```

運行結果如下：

rate =
0.1131753914892392569459091 7216941

2. 等　本金

等額本金是指在還款期內把貸款數總額等分，每月償還同等數額的本金和剩餘貸款在該月所產生的利息。

例 5.18　貸款 100 000 元，1 年還清，年利率為 5.1%，求每月還款數額。

解 使用 MATLAB 特有的矩陣計算功能，容易得到。

編寫代碼 c18.m 如下：

```
format short g
pv=100000；n=12；r=0.055；
t=pv/n；
p=（pv：-t：t）*r/12+t
```

運行結果如下：

p =

   Columns 1 through 4

      8791.7   8753.5   8715.3   8677.1

   Columns 5 through 8

      8638.9   8600.7   8562.5   8524.3

   Columns 9 through 12

      8486.1   8447.9   8409.7   8371.5

二、貸款計劃

例 5.19 小李夫婦買房需向銀行貸款 60 萬元，按月分期等額償還房屋抵押貸款，月利率是 0.056 5，貸款期為 20 年。小李夫婦每月能有 8 000 元的結餘。

（1）小李夫婦是否有無能力買房？月供多少？

（2）有一則廣告：本公司能幫您提前一年還清貸款，只要每半月還錢一次，但由於文書工作多了，要求您先付半年的錢作為手續費。是否劃算？

（3）小李夫婦若將結餘全部用來還貸，需要多長時間還清房貸？

（4）小李夫婦向銀行貸款 60 萬元后，有可能若幹年后一次性還清貸款。小李想知道每月月供多少用來還本金、多少用來還貸款、本金還剩多少沒有還清？

解 （1）使用公式計算，編寫代碼 c19.m 如下：

```
pv=600000，n=20*12，r=0.0565/12
p=pv*r/（1-1/（1+r）^n）
```

運行結果如下：

p =

      4178.3

即：小李夫婦有能力買房，月供為 4 178.3 元。

（2）我們採用計算還款金額的現值計算比較，編寫代碼 c19.m 如下：

```
pv2=p*6+（p/2）/（r/2）*（1-1/（1+r/2）^（（n-12）*2））
```

運行結果如下：

pv2 =

      608785.076983594

即：實際多支付了 8 785 元，不劃算。

（3）使用公式計算，編寫代碼 c19.m 如下：

p＝8000；
n＝log（p/（p-pv＊r））/log（1+r）/12
運行結果如下：
n＝
　　　7.7279
即：不到8年便還清房貸。

（4）貸款的月供首先用來還清一個月產生的全部利息，剩餘部分用來償還部分本金，使用MATLAB編程求解，顯示：還款年、月、當月月利息、當月償還本金、剩餘本金。

編寫代碼c19.m如下：
A＝［1；1；pv＊r；p-pv＊r；pv-pv＊r］
for i＝2：n
A（1，i）＝fix（（i-1）/12）+1；
A（2，i）＝i-fix（（i-1）/12）＊12；
A（3，i）＝A（5，i-1）＊r；
A（4，i）＝p-A（3，i）；
A（5，i）＝A（5，i-1）-A（4，i）；
end
A

運行結果（在第10年附近的部分結果）如下：
Columns 118 through 130
10　　　　10　　　　10　　　　11　　　　11
10　　　　11　　　　12　　　　1　　　　2
1821.7　　1810.6　　1799.5　　1788.3　　1777
2356.6　　2367.7　　2378.9　　2390.1　　2401.3
3.8455e+005　3.8219e+005　3.7981e+005　3.7742e+005　3.7502e+005

即：在第10年年末，小李夫婦欠銀行的貸款金額為382 190元。
MATLAB金融工具箱包含了年金的計算函數，讀者在學習中可參考相關資料。

習題五

1. 建立m文件，鍵入：
1＋2－3×4÷5
（1）保存，文件名為1，執行此文件。
（2）另存為，文件名為a1，執行此文件。
問題：
兩個文件執行結果是否相同，正確答案為多少？為什麼？
2. 建立m函數文件，函數為：

$y = f(x) = 2e^{x+1}$

並計算 $f(1)$。

3. 編程計算 1+2+4+8+⋯+1 024。

4. 偶數求和，總和不超過 10 000，至多要加多少項？

5. 求伴　矩

$$A = \begin{bmatrix} -1 & 1 & 1 & 1 \\ -1 & 1 & -1 & -1 \\ 1 & -1 & 1 & -1 \\ 1 & -1 & -1 & 1 \end{bmatrix}$$

6. 函數作圖（x 在 [-3, 3]，紅色，＊點線）

$$y = \begin{cases} x\sin x & x \geq 0 \\ x^2 & x < 0 \end{cases}$$

7. 小明向銀行貸款，貸款金額為 2 萬元，年利率為 0.055，2 年還清。問：

（1）按月等額本金還款，小明每個月還款多少？

（2）按月等額本息還款，小明每個月還款多少？

8. 李總向某錢莊借款 100 萬元，錢莊要求李總按月等額本息還款，每月還款 3 萬元，5 年還清，不考慮手續費。問：

（1）李總借款的年利率是多少？

（2）2 年零 3 個月時，李總獲得一筆大額資金可以用來還款。此時，李總一次性還款額為多少？

第六章　線性規劃模型

運籌學包括數學規劃、圖論與網路、排隊論、存儲輪、對策論、決策論、模擬論等。數學規劃（Mathematical Programming）有時也被稱為最優化理論，是運籌學的一個重要分支，也是現代數學的一門重要學科。其基本思想出現在19世紀初，並由美國哈佛大學的Robert Dorfman於20世紀40年代末提出。數學規劃的研究對象是數值最優化問題，是一類古老的數學問題。古典的微分法已可以用來解決某些簡單的非線性最優化問題。直到20世紀40年代以後，由於大量實際問題的需要和電子計算機的高速發展，數學規劃才得以迅速發展起來，並成為一門十分活躍的新興學科。今天，數學規劃的應用極為普遍，它的理論和方法已經滲透到自然科學、社會科學和工程技術中。

第一節　MATLAB求解線性規劃

線性規劃（Linear Programming，LP）是數學規劃中研究較早、發展較快、應用廣泛、方法較成熟的一個重要分支，被廣泛應用於軍事作戰、經濟分析、經營管理和工程技術等方面。

一、理論

1. 性　　的一般形式

（1）規劃問題的一般形式

決策變量：$x = (x_1, x_2, \cdots, x_n)$

目標函數：$\min F = f(x)$

約束條件：$s.t\ x \in A (\subset R^n)$

註：

約束條件$x \in A$一般用等式或不等式方程表示：

$h_i(x_1, x_2, \ldots, x_n) \leq 0,\ i = 1, 2, \ldots, m$

$g_j(x_1, x_2, \ldots, x_n) = 0,\ j = 1, 2, \ldots, l$

存在無約束條件的情況，比如函數的極值問題。

根據問題的性質和處理方法的差異，數學規劃可分成許多不同的分支，如線性規劃、非線性規劃、多目標規劃、動態規劃、參數規劃、組合優化和整數規劃、隨機規劃、模糊規劃、非光滑優化、多層規劃、全局優化、變分不等式與互補問題等。

（2）線性規劃問題的一般形式

線性規劃的目標函數、約束條件均為線性函數。線性規劃的一般形式為：

$\min F = c_1 x_1 + c_2 x_2 + \cdots + c_n x_n$

$st \begin{cases} a_{11} x_1 + a_{12} x_2 + \cdots + a_{1n} x_n \leq b_1 \\ a_{21} x_1 + a_{22} x_2 + \cdots + a_{2n} x_n \leq b_2 \\ \cdots\cdots\cdots\cdots\cdots\cdots \\ a_{m1} x_1 + a_{m2} x_2 + \cdots + a_{mn} x_n \leq b_m \\ x_i \geq 0, \ i = 1, 2, \ldots, n \end{cases}$

線性規劃的矩陣的形式為：

$\min \ F = CX$

$\begin{cases} AX \leq b \\ X \geq 0 \end{cases}$

其中：

$C = (c_1, c_2, \ldots, c_n)$

$A = (a_{ij})_{m \times n}$

$b = (b_1, b_2, \ldots, b_m)^T$

2. 性   的求解方法

圖解法：通過圖解法求解可以理解線性規劃的一些基本概念。這種方法僅適用於只有兩個變量的線性規劃問題。

單純形法：求解線性規劃問題的基本方法是單純形法。單純形法為20世紀十大算法之一，1947年由美國數學家丹齊格（G. B. Dantzing）提出。此外，線性規劃的解法還有大型優化算法，如 Lipsol 法等。

計算機應用：許多計算軟件都有解線性規劃的功能，Lindo 公司開發的 Lingo 軟件為專業規劃軟件，通用數學軟件 MATLAB、Mathematica、Maple 等具有解線性規劃的功能，其他如 Excel、SAS 等軟件也有具有解線性規劃的功能。

二、MATLAB 求解線性規劃

MATLAB 的優化工具箱被放在 toolbox 目錄下的 optim 子目錄中，包括有若干個常用的求解最優化問題的函數指令。

MATLAB 求解線性規劃的函數指令為 linprog。

MATLAB 求解線性規劃的基本形式為：

$\min f^T x$

$st: Ax \leq b$

調用格式為：

x = linprog (f, A, b)

其中：輸入參數為 f 效益係數、A 不等式約束係數、b 資源係數，輸出參數為 x 最

優解。

例6.1 求解線性規劃

$\min f = x_1 - x_2$

$st \begin{cases} -2x_1 + x_2 \leq 2 \\ x_1 - 2x_2 \leq 2 \\ x_1 + x_2 \leq 5 \end{cases}$

解 MATLAB 求解代碼為 c01.m。

f=[1 -1];
A=[-2 1
   1 -2
   1 1];
b=[2 2 5];
x=linprog(f,A,b)

運行結果為:

Optimization terminated.

x =

　　1.0000

　　4.0000

MATLAB 求解線性規劃的基本形式為:

$\min f^T x$

$st \begin{cases} Ax \leq b \\ Aeq \cdot x = beq \\ lb \leq x \leq ub \end{cases}$

調用格式為:

[x, fval, exitflag, output, lambda] = linprog(f, A, b, Aeq, beq, lb, ub, x0, options)

其中:

輸入參數為 f 效益係數、A 不等式約束係數、b 資源係數、Aeq 等式約束係數、beq 等式約束常數項、lb 變量下界、ub 上界、x0 初值、options 指定優化參數。參數 A、b、Aeq、beq、lb、ub 可以缺省，也可以使用 [ ] 或 NaN 占位，但至少要包含一個約束條件。

輸出參數為 x 最優解、fval 最優值、exitflag 退出條件、output 優化信息、lambda 為 Lagrange 乘子。

例6.2 求解線性規劃

105

$$\min f = -5x_1 - 4x_2 - 6x_3$$

$$st \begin{cases} x_1 - x_2 + x_3 \leq 20 \\ 3x_1 + 2x_2 + 4x_3 \leq 42 \\ 3x_1 + 2x_2 \leq 30 \\ x_1,\ x_2,\ x_3 \geq 0 \end{cases}$$

解 MATLAB 求解代碼為 c02.m。

f=［-5 -4 -6］;
A=［1 -1 1
    3 2 4
    3 2 0］;
b=［20 42 30］;
lb=zeros（3, 1）;
［x, fval, exitflag, output, lambda］=linprog（f, A, b,［］,［］, lb）

運行結果為：

Optimization terminated.
x =
    0.0000
   15.0000
    3.0000
fval =
   -78.0000
exitflag =
    1
output =
          iterations: 6
           algorithm: 'large-scale: interior point'
cgiterations: 0
             message: 'Optimization terminated.'
constrviolation: 0
lambda =
ineqlin: ［3x1 double］
eqlin: ［0x1 double］
     upper: ［3x1 double］
     lower: ［3x1 double］

第二節 線性規劃實例

一、選址問題

1.

某公司有 6 個建築工地，位置坐標為 (a_i, b_i)（單位：千米），水泥日用量 r_i（單位：噸）。具體取值見表 6-1。

表 6-1　　　　　　　　建築工地位置坐標、水泥日用量取值

i	1	2	3	4	5	6
a	1.25	8.75	0.5	5.75	3	7.25
b	1.25	0.75	4.75	5	6.5	7.75
r	3	5	4	7	6	11

現有 2 個料場，位於 $A(5, 1)$，$B(2, 7)$，記 (x_j, y_j)，$j = 1, 2$，且儲量 q_j 各有 20 噸。

假設：料場和工地之間有直線道路。

問題：制訂每天的供應計劃，即從 A，B 兩個料場分別向各工地運送多少噸水泥，使總的運輸噸千米數最小？

2. **模型建立**

設 w_{ij} 表示第 j 個料場向第 i 個施工點的材料運量。

目標函數為噸千米數最小：

$$\min Z = \sum_{i=1}^{m} \sum_{j=1}^{n} w_{ij} \sqrt{(x_j - a_i)^2 + (y_j - b_i)^2}$$

其中：$\sqrt{(x_j - a_i)^2 + (y_j - b_i)^2}$ 為料場到施工點的距離。

約束條件為滿足需求：$\sum_{j=1}^{n} w_{ij} = r_i$ 或 $\sum_{j=1}^{n} w_{ij} \geq r_i$

不超出供應：$\sum_{i=1}^{m} w_{ij} \leq q_j$

及一般約束：$w_{ij} \geq 0$

於是得到線性規劃模型：

$$\min Z = \sum_{i=1}^{m} \sum_{j=1}^{n} w_{ij} \sqrt{(x_j - a_i)^2 + (y_j - b_i)^2}$$

$$\begin{cases} \sum_{j=1}^{n} w_{ij} \geq r_i (i = 1, 2, \ldots, m) \\ \sum_{i=1}^{m} w_{ij} \leq q_j (j = 1, 2, \ldots, n) \\ \quad w_{ij} \geq 0 \end{cases}$$

3. 模型求解

使用 MATLAB 求解。

目標函數 $\min Z = \sum_{i=1}^{m} \sum_{j=1}^{n} w_{ij} \sqrt{(x_j - a_i)^2 + (y_j - b_i)^2}$ 係數，一共有 12 項，不能簡單計算出來，並且決策變量 w_{ij} 為二維變量，要轉成一維，所以採用編程的方法。代碼 c03.m 如下：

```
a=［1.25, 8.75, 0.5, 5.75, 3, 7.25］;
b=［1.25, 0.75, 4.75, 5, 6.5, 7.75］;
d=［3, 5, 4, 7, 6, 11］; e=［20, 20］;
x=［5, 2］; y=［1, 7］;
for i=1: length (a)
    for j=1: 2
        s (i, j) = ( (x (j) -a (i) ) ^2+ (y (j) -b (i) ) ^2) ^ (1/2);
    end
end
f=s (:);
```

約束條件：$\begin{cases} \sum_{j=1}^{n} w_{ij} = r_i (i = 1, 2, \ldots, m) \\ \sum_{i=1}^{m} w_{ij} \leq q_j (j = 1, 2, \ldots, n) \\ \quad w_{ij} \geq 0 \end{cases}$ 涉及的三個矩陣或向量代碼為：

```
A=［1 1 1 1 1 1 0 0 0 0 0 0; 0 0 0 0 0 0 1 1 1 1 1 1］;
b=e;
Aeq=［1 0 0 0 0 0 1 0 0 0 0 0
     0 1 0 0 0 0 0 1 0 0 0 0
     0 0 1 0 0 0 0 0 1 0 0 0
     0 0 0 1 0 0 0 0 0 1 0 0
     0 0 0 0 1 0 0 0 0 0 1 0
     0 0 0 0 0 1 0 0 0 0 0 1］;
beq=d;
lb=zeros (1, 12);
```

調用求解線性規劃指令：

[x, fval] = linprog (f, A, b, Aeq, beq, lb)

運行結果如下：

x =

  3. 0000
  5. 0000
  0. 0000
  7. 0000
  0. 0000
  1. 0000
  0. 0000
  0. 0000
  4. 0000
  0. 0000
  6. 0000
  10. 0000

fval =

  136. 2275

即：最優解為第 1 料場運到 6 工地的運量分別為 3、5、0、7、0、1，第 2 料場運到 6 工地的運量分別為 0、0、4、0、6、10，總的運輸噸千米數最小為 136.227 5 噸千米。

二、費用問題

1.

有一園丁需要購買肥料 107 千克。而現在市場上有兩種包裝的肥料：一種是每袋 35 千克，價格為 14 元；另一種是每袋 24 千克，價格為 12 元。

問：園丁在滿足需要的情況下，怎樣才能使花費最節約？

2. 模型建立

決策變量：設兩種包裝分別購買 x_1、x_2 千克。

目標函數：花費最節約 $\min y = 14x_1 + 12x_2$

約束條件：滿足需求 $35x_1 + 24x_2 \geq 107$

$x_1, x_2 \geq 0$，且為整數。

於是，得到線性規劃模型：

$\min y = 14x_1 + 12x_2$

$\begin{cases} 35x_1 + 24x_2 \geq 107 \\ x_1, x_2 \geq 0 \text{ } and \text{int} \end{cases}$

3. 模型求解

此問題稱為整數線性規劃問題，簡稱整數規劃。

使用 MATLAB 求解。代碼 c04.m 如下：
f=［14 12］;
A=-［35 24］;
b=-107;
lb=zeros（2,1）;
［x,fval］=linprog（f,A,b,［］,［］,lb）
運行結果如下：
x =
　　3.0571
　　0.0000
fval =
　　42.8000
結果不滿足整數解條件。
在 MATLAB2013 以下版本中，無整數規劃計算工具，可以採用編程搜索的方式：
smin=1000;
for i=0:4
for j=0:5
　　s=14*i+12*j;
if 35*i+24*j>=107&smin>s
smin=s;
　　x=［i,j］;
end
end
end
x
smin
運行結果如下：
x =
　　1　　3
smin =
　　50
即：購買 35 千克、24 千克兩種包裝的肥料各 1 袋、3 袋，節約 50 元。
註：MATLAB2014a 中，混合整數規劃的函數指令為 intlinprog，調用方式為：
［x,fval,exitflag,output］=intlinprog（f,intcon,A,b,Aeq,beq,lb,ub,options）

三、礦井開採

1.

有一礦藏由 30 塊正方形礦井組成，分四層，每層礦井上對應 4 塊礦井。其結構如

圖 6-1 所示。

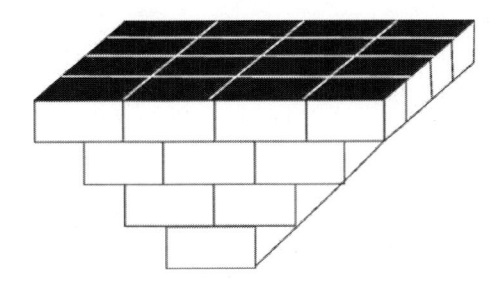

1	2	3	4
5	6	7	8
9	10	11	12
13	14	15	16

第 1 層

17	18	19
20	21	22
23	24	25

第 2 層

26	27
28	29

第 3 層

30

第 4 層

圖 6-1　礦藏結構及編號示意圖

其中，每塊礦井的開採價值為 Ci（可能為負）。開採要求：開採下一個，上面四個均需開採。求解 30 個礦井，如何開採獲利才最大？

2. 模型建立

令決策變量：$x_i = 0, 1(i = 1, 2, ..., n)$ 代表第 i 礦井開採、不開採。

則目標函數：收益最大 $\max y = \sum_{i=1}^{30} c_i x_i$

約束條件：開採下一個，上面四個均需開採。

$x_{17} \leq x_1$

$x_{17} \leq x_2$

……

$x_{30} \leq x_{29}$

共 56 個不等式。

於是，得到線性規劃模型：

$$\max y = \sum_{i=1}^{30} c_i x_i$$

$$st \begin{cases} -x_1 + x_{17} \leq 0 \\ -x_2 + x_{17} \leq 0 \\ \cdots \cdots \\ -x_{29} + x_{30} \leq 0 \\ x_1, x_2, ..., x_{30} = 0, 1 \end{cases}$$

3. 模型求解

此問題稱為 0-1 整數線性規劃問題，簡稱 0-1 規劃。

這類問題是 0-1 規劃。

0-1 規劃的 MATLAB 求解函數為 bintprog，調用方式為：

[x, fval, exitflag, output] = bintprog (f, A, b, Aeq, Beq, x0, options)

本問題若給出開採價值為 Ci 的值，則可以使用 MATLAB 求解，代碼為 c05.m。

四、合理下料

1.

某車間有長度為 180 厘米的鋼管（數量充分多），今要將其截為三種不同長度，長度分別為 70 厘米的管料 100 根，而 52 厘米、35 厘米的管料分別不得少於 150 根、120 根。

問：應如何下料才能最省？

2. 模型建立

決策變量需要分析后才能得到。

下料方式共有 8 種，見表 6-2。

表 6-2　　　　　　　　　材料的 8 種下料方式

截法		一	二	三	四	五	六	七	八	需求量
長度	70	2	1	1	1	0	0	0	0	100
	52	0	2	1	0	3	2	1	0	150
	35	1	0	1	3	0	2	3	5	120
餘料		5	6	23	5	24	6	23	5	

決策變量：第 i 種下料方式進行 x_i 次。

目標函數：餘料最省？用料最少？

模型為線性規劃模型：

$$\min y = \sum_{i=1}^{8} x_i$$

$$st \begin{cases} 2x_1 + x_2 + x_3 + x_4 \geq 100 \\ 2x_2 + x_3 + 3x_5 + 2x_6 + x_7 \geq 150 \\ x_1 + x_3 + 3x_4 + 2x_6 + 3x_7 + 5x_8 \geq 120 \\ x_1, x_2, \ldots, x_8 \geq 0, \text{ int} \end{cases}$$

思考：約束條件是否可以改為等式？

3. 模型求解

使用 MATLAB 求解。代碼為 c06.m。

首先，編程求解下料方式：
p＝［］；k＝0；
for i＝0：2
for j＝0：3
for k＝0：5
　　　　　s＝i＊70+j＊52+k＊35；
if s＜＝180 & 180-s＜35
　　　　　p＝［p ［i； j； k； 180-s］ ］；
end
end
end
end
p
使用函數 linprog 求解
f＝ones（1，8）；
A＝-［2 1 1 1 0 0 0 0
　　 0 2 1 0 3 2 1 0
　　 1 0 1 3 0 2 3 5］；
b＝-［100 150 120］；
lb＝zeros（1，8）；
ub＝inf＊ones（1，6）；
［x， fval］ ＝linprog（f，A，b，［］，［］，lb，ub）
運行結果為：
x ＝
　　4.2066
　　0.0000
　　25.2754
　　0.0000
　　9.3115
　　0.0000
　　49.7246
　　20.4820
fval ＝
　　109.0000
結果非整數，不滿足條件。
編寫整數規劃分枝定界法程序，代碼 lpint. m 如下：
function ［xmax， fmax， kk］ ＝lpint（f，A，b，Aeq，beq，lb，ub）
％整數線性規劃分枝定界法

```
n=length (f);
if nargin<7 | isempty (ub) ub=inf*ones (n, 1); end
if nargin<6 | isempty (lb) lb=-inf*ones (n, 1); end
if nargin<5 beq= [ ]; end
if nargin<4 Aeq= [ ]; end
[x, fval] =linprog (f, A, b, Aeq, beq, lb, ub);
if size (lb, 1) ==1    lb=lb'; end
if size (ub, 1) ==1    ub=ub'; end
fmin=fval; fmax=inf; lb0=lb; ub0=ub; kk=1;
while ~isempty (lb0)
       [x, fval, exitflag] =linprog (f, A, b, Aeq, beq, lb0 (:, 1), ub0 (:, 1) );
if (exitflag<=0) | (fval>fmax)    % | (fval<fmin) | isempty (fval)
lb0 (:, 1) = [ ];
ub0 (:, 1) = [ ];
elseif x-floor (x) <0.0001
if fmax>fval
fmax=fval; xmax=x ;
end
           lb0 (:, 1) = [ ]; ub0 (:, 1) = [ ];
else
          n=find (x-floor (x) >=0.0001);
          t=n (1);
          l=lb0; u=ub0;
          k=1;
if floor (x (t) ) +1<=ub0 (t, 1)
lb0 (t, 1) = floor (x (t) ) +1;
           k=2;
end
if  floor (x (t) ) >=l (t, 1)
if k==2
              lb0= [lb0 (:, 1), l]; ub0= [ub0 (:, 1), u];
end
ub0 (t, k) = floor (x (t) );
           k=3;
end
if k==1
              lb0 (:, 1) = [ ]; ub0 (:, 1) = [ ];
end
```

end
kk＝kk+1；
end
調用程序 lpint.m，求解整數規劃問題：
[x, fval, k] ＝lpint (f, A, b, [ ], [ ], lb, ub)
運行結果如下：
x ＝
  34.0000
  32.0000
   0.0000
   0.0000
   0.0000
  43.0000
   0.0000
   0.0000
fval ＝
  109.0000
k ＝
  20

即：分枝定界法迭代 20 次，得到最省的下料使用鋼管 109 根。

第三節　生產安排問題

一、問題的提出

某企業的生產結構示意圖見圖 6-2。

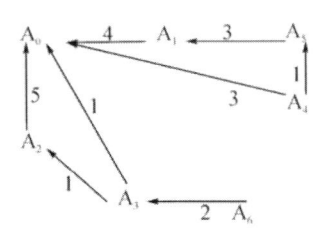

圖 6-2　企業生產結構示意圖

A_0 是出廠產品，A_1, A_2, $\cdots$, A_6 是中間產品，$A_j \xrightarrow{k} A_i$ 表示生產 A_i 一個單位需要消耗 A_j 產品 k 單位。

表 6-3 給出了生產單位產品所需的資源（工人、設備）和時間。注意，表 6-3 中

所給數據是基本的。即：既不能通過增加工人和設備來縮短時間，也不能通過加長時間節省工人和設備。

表 6-3　　　　　　　　　　　資源使用情況表

產品		A_0	A_1	A_2	A_3	A_4	A_5	A_6
需要的資源	1 類工人	71	27	34	37	18	33	17
	2 類工人	30	18	17	13	12	28	23
	技術工人	7	9	0	7	6	5	11
	甲設備（臺）	4	3	0	4	2	0	2
	乙設備（臺）	1	3	1	0	2	5	6
加工時間（小時）		6	3	6	5	2	1	2

問題：無資源浪費、連續均衡生產的最小生產規模是多大？相應的最短週期是多少？

註：「無資源浪費」是指生產期中沒有閒置人員和設備；「連續」是指整個週期中所有生產過程不會停頓；「均衡」是指所有中間產品的庫存與上期庫存都相同。「生產規模」是指完成整個生產過程所需各資源總和。

二、模型建立

本問題的難點是：決策變量、目標不明確。

本問題涉及的量包括：各產品的產量、各生產資源的數量、時間、產品之間的匹配量。

由於各產品的產量，隨時間增加而增加，各產品的產量不可能是決策變量。生產資源是固定量，由於生產資源之間存在關係，因此生產資源雖然是決策變量，但不是基本決策變量。關鍵點：生產資源與正在生產的產品相關。

「生產規模」是指完成整個生產過程所需各資源總和。這些資源在「無資源浪費」的條件下，受正在生產的產品數量控制。若將生產一個產品需要的資源（工人，設備）稱為一組，由於是「連續」「無資源浪費」生產，因此實際使用的資源數量不隨時間的改變而改變。於是有：

決策變量：生產各部件資源組數 x_i。

「生產規模」代表單位時間生產最終產品的數量，也可表示成在線生產的最終產品的數量，即生產最終產品的數量的資源組數。於是有：

目標函數：最終產品的數量的資源組數 $\min x_0$

「均衡」是指所有中間產品的庫存與上期庫存都相同，所以均衡生產條件就是投入產出配比，即：單位時間內生產產品數＝單位時間內產品需要數。於是有：

約束條件：

$$\frac{x_j}{t_j} = \sum_{i=0}^{6} b_{ij} \frac{x_i}{t_i}, \ j = 0, 1, \ldots, 6$$

其中：x_i 為生產各部件資源組數，t_i 為生產時間，b_{ij} 為需要消耗係數。

於是得到線性規劃模型：

$\min x_0$

$$st \begin{cases} \dfrac{x_j}{t_j} = \sum_{i=0}^{6} b_{ij} \dfrac{x_i}{t_i} \\ x_0 \geq 1, \ x_j \geq 0, \ 整數 \end{cases} \quad j = 0, 1, \ldots, 6$$

三、模型求解

使用 MATLAB 求解。代碼為 c06.m。

```
f= [1 0 0 0 0 0 0];
Aeq= [   0     0     0   -2/5    0     0  1/2
         0  -3/3    0     0    0   1/1   0
       -3/6   0     0    0   1/2  -1/1   0
       -1/6   0   -1/6  1/5   0    0    0
       -5/60 1/6   0    0    0    0    0
       -4/6  1/3   0    0    0    0    0];
beq= [0 0 0 0 0 0];
lb= [1 0 0 0 0 0 0];
[x, fval] =linprog (f, [], [], Aeq, beq, lb)
```

運行結果如下：

x =

    1.0000
    2.0000
    5.0000
    5.0000
    5.0000
    2.0000
    4.0000

fval =

    1.0000

結果滿足整數條件，即：達到最小生產規模時，生產各部件資源組數分別為 1、2、5、5、5、2、4 組。

所需生產資源（工人、設備）：

$$\begin{bmatrix} 71 & 27 & 34 & 37 & 18 & 33 & 17 \\ 30 & 18 & 17 & 13 & 12 & 28 & 23 \\ 7 & 9 & 0 & 7 & 6 & 5 & 11 \\ 4 & 3 & 0 & 4 & 2 & 0 & 2 \end{bmatrix}$$

                1   3   1   0   2   5   6] * x

lcm（lcm（lcm（6，3），5），2）

運行結果如下：

ans =

    704.0000

    424.0000

    144.0000

    48.0000

    56.0000

ans =

    30

即：達到最小生產規模時，1 類工人、2 類工人、技術工人、甲設備、乙設備的數量分別為 704 人、424 人、144 人、48 臺、56 臺，相應的最短週期是 30 小時。

習題六

1. 使用 MATLAB 求解

$\min(2x + 3y + 5z)$

$$\begin{cases} x + 2y + 2z \geq 30 \\ 3x + y + 2z \geq 20 \\ 40 \leq 2x + y + 10z \leq 50 \\ x, y, z \geq 0 \end{cases}$$

2. 某車間有長度為 100 厘米的鋼管（數量充分多）。

（1）今要將其截為長度分別為 55 厘米、45 厘米、35 厘米的管料 45 根、61 根、99 根。問：應如何下料，才能最省（精確解）？

（2）今要將其截為長度分別為 10 厘米、20 厘米、25 厘米、30 厘米、40 厘米、50 厘米、65 厘米、75 厘米的 8 種管料 45 根、32 根、93 根、53 根、113 根、65 根、24 根、98 根。問：有多少種下料方式？應如何下料，才能最省（近似解）？

3. 設有一筆資金共計 10 萬元，未來 5 年內可以投資 4 個項目。其中：項目 1 每年年初投資，投資后第二年年末才可回收資金，本利為 115%；項目 2 只能在第三年年初投資，到第五年年末回收本利 125%，但不超過 3 萬元；項目 3 在第二年年初投資，第五年年末回收本利 140%，但不超過 4 萬元；項目 4 每年年初投資，年末回收本利 106%。試確定 5 年內如何安排投資？

4. 某廠生產三種產品 I、II、III。每種產品要經過 A、B 兩道工序加工。設該廠有兩種規格的設備能完成 A 工序，它們以 A_1、A_2 表示；有三種規格的設備能完成 B 工序，它們以 B_1、B_2、B_3 表示。產品 I 可在 A、B 任何一種規格設備上加工。產品 II 可在任何規格的 A 設備上加工，但完成 B 工序時，只能在 B_1 設備上加工；產品 III 只能在 A_2 與 B_2 設備上加工。已知在各種機床設備的單件工時、原材料費、產品銷售價格、各種設

備有效臺時以及滿負荷操作時機床設備的費用如表 6-4 所示。要求：安排最優的生產計劃，使該廠利潤最大。

表 6-4　　　　　　　　　　某廠產品生產費用表

設備	產品 I	產品 II	產品 III	設備有效臺時	滿負荷時的設備費用（元）
A1	5	10		6 000	300
A2	7	9	12	10 000	321
B1	6	8		4 000	250
B2	4		11	7 000	783
B3	7			4 000	200
原料費（元/件）	0.25	0.35	0.50		
單　價（元/件）	1.25	2.00	2.80		

5. 有四個工人，要指派他們分別完成 4 項工作，每人做各項工作所消耗的時間如表 6-5 所示。

表 6-5　　　　　　　　工人完成工作耗費時間表　　　　　　　　單位：小時

工人＼工作	A	B	C	D
甲	15	18	21	24
乙	19	23	22	18
丙	26	17	16	19
丁	19	21	23	17

問：指派哪個人去完成哪項工作，可使總的消耗時間為最小？

6. 某戰略轟炸機群奉命摧毀敵人軍事目標。已知該目標有四個要害部位，只要摧毀其中之一即可達到目的。為完成此項任務的汽油消耗量限制為 48 000 升、重型炸彈 48 枚、輕型炸彈 32 枚。飛機攜帶重型炸彈時每升汽油可飛行 2 千米，帶輕型炸彈時每升汽油可飛行 3 千米。又知每架飛機每次只能裝載一枚炸彈，每出發轟炸一次除去來回路程汽油消耗（空載時每升汽油可飛行 4 千米）外，起飛和降落每次各消耗 100 升。有關數據如表 6-6 所示。

表 6-6　　　　　　　　　　飛機相關數據表

要害部位	離機場距離（千米）	摧毀可能性 每枚重型彈	摧毀可能性 每枚輕型彈
1	450	0.10	0.08
2	480	0.20	0.16
3	540	0.15	0.12
4	600	0.25	0.20

為了使摧毀敵方軍事目標的可能性最大，應如何確定飛機轟炸的方案，要求建立這個問題的線性規劃模型。

7. 某汽車廠生產小型、中型、大型三種類型的汽車，已知各類型每輛車對鋼材、勞動時間的需求量、利潤及工廠每月的現有量，數據見表6-7。

表 6-7

	小型	中型	大型	現有量
鋼材（噸）	1	2	5	1 000
勞動時間（小時）	250	125	150	120 000
利潤（萬元）	3	5	12	

（1）如果每月生產的汽車必須為整車，試製訂月生產計劃，使工廠的利潤最大。

（2）如果生產某一類型汽車，則至少要生產50輛，那麼最優的生產計劃應做何改變？

第七章　非線性規劃模型

非線性規劃是具有非線性約束條件或目標函數的數學規劃，是運籌學的一個重要分支。本章討論非線性規劃模型及其 MATLAB 求解方法。

第一節　MATLAB 求解非線性規劃

非線性規劃（Nonlinear Programming，NLP）是 20 世紀 50 年代才開始形成的一門新興學科。20 世紀 70 年代又得到進一步發展。非線性規劃在工程、管理、經濟、科研、軍事等方面都有廣泛的應用，為最優設計提供了有利的工具。

一、理論

1. 非　性　的一般形式

$$\mathop{Min}\limits_{x} f(x) = f(x_1, x_2, \cdots, x_n)$$

$st:\cdots\cdots$

$x \in D \subseteq R^n$

非線性規劃按約束條件可分為有約束規劃、無約束規劃，按決策變量的取值可分為連續優化、離散優化。非線性規劃的最優解可分為局部最優解、全局最優解，現有解法大多只是求出局部最優解。

2. 非　性　的求解方法

在微積分課程中，我們接觸過無約束優化方法是求極值的方法，即求函數最優化的局部解。對於 n 元函數求極值：

$$\mathop{Min}\limits_{x} f(x) = f(x_1, x_2, \cdots, x_n)$$

極值存在的必要條件為：

$\nabla f(x^*) = (f_{x_1}, \cdots, f_{x_n})^T = 0$

極值存在的充分條件為：

$\nabla f(x^*) = 0, \quad \nabla^2 f(x^*) > 0$

其中：$\nabla^2 f = \left[\dfrac{\partial^2 f}{\partial x_i \partial x_j} \right]_n$ 為 Hessian 陣。

1951 年 H. W. 庫恩和 A. W. 塔克發表的關於最優性條件（后來稱為庫恩–塔克條

件）的論文是非線性規劃正式誕生的一個重要標誌。在20世紀50年代還得出了可分離規劃和二次規劃的 n 種解法，它們大多以 G. B. 丹齊克提出的解線性規劃的單純形法為基礎。20世紀50年代末到60年代末出現了許多解非線性規劃問題的有效的算法，70年代又得到進一步發展。20世紀80年代以來，隨著計算機技術的快速發展，非線性規劃方法取得了長足進步，在信賴域法、稀疏擬牛頓法、並行計算、內點法和有限存儲法等領域取得了成功。

非線性規劃的求解方法有很多。一維最優化方法有黃金分割法、Fibonacci、切線法、插值法等。無約束最優化方法大多是逐次一維搜索的迭代算法，有最速下降法、牛頓法、共軛梯度法、變尺度法、方向加速法、擬牛頓法、單純形加速法等；約束最優化方法有拉格朗日乘子法、罰函數法、可行方向法、模擬退火法、遺傳算法、神經網路等算法。

一般來說，解非線性規劃問題要比解線性規劃問題困難得多。而且，不像線性規劃有單純形法這一通用方法，非線性規劃目前還沒有適於各種問題的一般算法，各個方法都有自己特定的適用範圍。

二、MATLAB 求解線性規劃

1. 一元　束　化

在 MATLAB 優化工具箱中，一元無約束優化的求解函數及調用格式為：

[x, fval] = fminbnd (fun, x1, x2)

其中：輸入參數 fun 為目標函數，支持字符串、inline 函數、句柄函數，[x1, x2] 為優化區間。輸出參數為 x 最優解、fval 最優值。

註：最優解為區間內全局最優解。

例7.1　求函數 $y = 2e^{-x}\sin x$ 在區間 $[0, 8]$ 上的最大值、最小值。

解　MATLAB 求解代碼為 c01.m。

使用字符串形式求解：

f = '2 * exp (-x) * sin (x) ';
%fplot (f, [0, 8]);
[xmin, ymin] = fminbnd (f, 0, 8)
f1 = '-2 * exp (-x) * sin (x) ';
[xmax, ymax] = fminbnd (f1, 0, 8)
ymax = -ymax

使用 inline 函數求解：

f2 = inline ('2 * exp (-x) * sin (x) ')
[xmin, ymin] = fminbnd (f2, 0, 8)

使用 m 函數文件，代碼為 fun1.m：

function f = fun1 (x)
f = 2 * exp (-x) * sin (x);

採用字符串調用、句柄調用 m 函數文件的方式求解：

[x1，f1] =fminbnd ('fun1'，0，8)

[x2，f2] =fminbnd (@fun1，0，8)

[x3，f3] =fminbnd ('fun1 (x)'，0，8)

運行結果相同：

xmin =

  3.9270

ymin =

  -0.0279

xmax =

  0.7854

ymax =

  0.6448

2. 多元無約束優化

在 MATLAB 優化工具箱中，多元無約束優化的求解函數及調用格式為：

[x，fval] = fminunc (fun，x0)

[x，fval] = fminsearch (fun，x0)

其中：輸入參數 fun 為目標函數，支持字符串、inline 函數、句柄函數，x0 初值。輸出參數為 x 最優解、fval 最優值。

註：fminunc、fminsearch 只支持函數 fun 自變量單變量符號。

最優解為局部最優解。

例 7.2　求函數 $f = 100(y - x^2)^2 + (1 - x)^2$ 的最小值。

解　MATLAB 求解代碼為 c02.m。

f='100*(x(2)-x(1)^2)^2+(1-x(1))^2';

[x，fval] =fminunc (f，[0，0])

[x，fval] =fminsearch (f，[0，0])

運行結果如下：

x =

  1.0000 1.0000

fval =

  1.9474e-011

x =

  1.0000 1.0000

fval =

  3.6862e-010

3. 有約束優化

MATLAB 求解有約束優化的基本形式為：

$$\min f(x)$$
$$st \begin{cases} c(x) \leq 0 \\ ceq(x) = 0 \\ Ax \leq b \\ Aeq \cdot x = beq \\ lb \leq x \leq ub \end{cases}$$

調用格式為：

[x, fval] = fmincon (fun, x0, A, b, Aeq, beq, lb, ub, nonlcon)

其中：

輸入參數 fun 為目標函數，支持字符串、inline 函數、句柄函數、x0 初值、A 線性不等式約束系數、b 線性不等式約束常數項、Aeq 線性等式約束系數、線性 beq 等式約束常數項、lb 變量下界、ub 上界, nonlcon 非線性約束，支持句柄函數。參數 A, b, Aeq, beq, lb, ub 可以缺省，也可以使用 [ ] 或 NaN 占位。

輸出參數為 x 最優解、fval 最優值。

註：fmincon 只支持函數 fun、約束條件自變量單變量符號。

最優解為局部最優解。

例 7.3　求解

$\min f = x_1^2 + 4x_2^2$

$\begin{cases} 3x_1 + 4x_2 \geq 13 \\ x_1^2 + x_2^2 \leq 10 \\ x_1, \ x_2 \geq 0 \end{cases}$

解　建立 MATLAB 的函數文件表示目標函數，代碼為 fun2. m：

function y = fun2 (x)

y = x (1) ^2+4 * x (2) ^2;

建立 MATLAB 的函數文件表示非線性約束，代碼為 fun3. m：

function [c, ceq] = fun6 (x)

c = x (1) ^2+x (2) ^2-10;

ceq = 0;

求解原問題代碼為 c03. m：

x0 = [10, 10];

A = [-3, -4]; b = -13;

lb = [0, 0];

[x, f] = fmincon (@fun2, x0, A, b, [ ], [ ], lb, [ ], @fun3)

運行結果如下：

x =

　　3.0000　　1.0000

f =
   13

例 7.4 求解
$$\min f = x_1^2 + 4x_2^2 + x_3^2$$
$$st \begin{cases} 3x_1 + 4x_2 + x_3 \geq 13 \\ x_1^2 + x_2^2 - x_3 \leq 100 \\ 3x_1^3 + x_2^2 - 10\sqrt{x_3} \geq 20 \\ 3x_1 - x_2^2 + x_3 = 50 \\ x_1, x_2, x_3 \geq 0 \end{cases}$$

解 建立 MATLAB 的函數文件表示非線性約束，代碼為 fun4.m：

function [c, ceq] = fun4(x)
c = [x(1)^2+x(2)^2-x(3)-100, -3*x(1)^3-x(2)^2+10*sqrt(x(3))+20];
ceq = 3*x(1)-x(2)^2+x(3)-50;

求解原問題代碼為 c04.m：

x0 = [1, 1, 1];
A = [-3, -4, -1]; b = -13;
lb = [0, 0, 0];
f = 'x(1)^2+4*x(2)^2+x(3)^2';
[x, f] = fmincon(f, x0, A, b, [], [], lb, [], @fun4)

運行結果如下：

x =
   10.8390   0.0000   17.4831
f =
   423.142 3

第二節　選址問題

一、問題

在第六章第二節中，我們討論了選址問題，現將原問題更改，我們又將如何解決？

例 7.5 某公司有 6 個建築工地，位置坐標為 (a_i, b_i)（單位：千米），水泥日用量 r_i（單位：噸），具體取值見表 7-1。

表 7-1　　　　　　　　建築工地位置坐標、水泥日用量取值

i	1	2	3	4	5	6
a	1.25	8.75	0.5	5.75	3	7.25

表7-1(續)

i	1	2	3	4	5	6
b	1.25	0.75	4.75	5	6.5	7.75
r	3	5	4	7	6	11

現要建立2個料場，日儲量$q_j(j=1, 2)$各有20噸。

假設：料場和工地之間有直線道路

問題：確定料場位置和每天的供應計劃，使總的運輸噸千米數最小。

二、模型建立

設(x_j, y_j)表示料場位置，w_{ij}表示第j個料場向第i個施工點的材料運量。

模型為：

$$\min Z = \sum_{i=1}^{m}\sum_{j=1}^{n} w_{ij}\sqrt{(x_j-a_i)^2+(y_j-b_i)^2}$$

$$\begin{cases} \sum_{j=1}^{n} w_{ij} = r_i (i=1, 2, ..., m) \\ \sum_{i=1}^{m} w_{ij} \leq q_j (j=1, 2, ..., n) \\ w_{ij} \geq 0 \end{cases}$$

此模型與第六章第二節的選址問題的模型在形式上是一樣的，但在這裡決策變量為(x_j, y_j)和w_{ij}，模型為非線性規格模型。

三、模型求解

1. 目 函

$$\min Z = \sum_{i=1}^{m}\sum_{j=1}^{n} w_{ij}\sqrt{(x_j-a_i)^2+(y_j-b_i)^2}$$

該模型求解需要在MATLAB中編寫函數表達式，並解決兩個問題。一個是決策變量(x_j, y_j)、w_{ij}共有16個，要換成一個一維向量；另一個是目標函數表達式含有12項，採用編程的方法得到。

建立MATLAB函數文件，代碼fun5.m如下：

```
function f=fun7 (x)
a= [1.25   8.75   0.5   5.75   3   7.25];
b= [1.25   0.75   4.75   5   6.5   7.75];
xx= [x(13) x(15) ];
yy= [x(14) x(16) ];
w= [x(1:6)' x(7:12)'];
f=0;
```

```
for i=1: 6
    for j=1: 2
        f=f+w (i, j) * ( ( xx (j) -a (i) )^2+ (yy (j) -b (i) )^2) ^. 5;
    end
end
```

2. 束　件

$$\begin{cases} \sum_{j=1}^{n} w_{ij} = r_i (i = 1, 2, \ldots, m) \\ \sum_{i=1}^{m} w_{ij} \leq q_j (j = 1, 2, \ldots, n) \\ \quad w_{ij} \geq 0 \end{cases}$$

約束條件均為線性，建立相關係數矩陣，代碼 c05. m 如下：

```
d= [3, 5, 4, 7, 6, 11]; e= [20, 20];
A= [1 1 1 1 1 1 0 0 0 0 0 0 0 0 0 0;0 0 0 0 0 0 1 1 1 1 1 1 0 0 0 0]; b=e;
Aeq= [1 0 0 0 0 0 1 0 0 0 0 0 0 0 0 0
      0 1 0 0 0 0 0 1 0 0 0 0 0 0 0 0
      0 0 1 0 0 0 0 0 1 0 0 0 0 0 0 0
      0 0 0 1 0 0 0 0 0 1 0 0 0 0 0 0
      0 0 0 0 1 0 0 0 0 0 1 0 0 0 0 0
      0 0 0 0 0 1 0 0 0 0 0 1 0 0 0 0 ];
beq=d;
lb= [zeros (1, 12) -inf -inf -inf -inf];
```

3. 用指令求解

使用 MATLAB 有約束優化 fmincon 函數指令求解。初值採用原有結果，代碼 c05. m 如下：

```
x0= [3 5 0 7 0 1 0 0 4 0 6 10, 5 1, 2 7];
[x, fval] =fmincon (@fun5, x0, A, b, Aeq, beq, lb)
```

運行結果如下：

```
x =
    3.0000    5.0000    4.0000    7.0000    1.0000    0    0    0    0
0   5.0000   11.0000    5.6960    4.9286    7.2500    7.7500
fval =
    89.8835
```

目標函數最優值為 89.883 5，比原有結果 136.227 5 有較大改進。

由於此問題為非線性規劃問題，所以得到的結果為局部最優解，那麼如何得到全

局最優解呢？

一個可行的辦法就是，改變初值來改變局部最優解，通過定步長搜索初值的取值的方法逼近最優解。由於決策變量是16維，不可能對其全部搜索，我們只搜索后4個變量：料場位置坐標。

MATLAB 求解代碼 c06.m 如下：

```
tic
d=［3，5，4，7，6，11］；e=［20，20］；
A=［1 1 1 1 1 1 0 0 0 0 0 0 0 0 0 0；0 0 0 0 0 0 1 1 1 1 1 1 0 0 0 0］；b=e；
Aeq=［1 0 0 0 0 0 1 0 0 0 0 0 0 0 0 0
     0 1 0 0 0 0 0 1 0 0 0 0 0 0 0 0
     0 0 1 0 0 0 0 0 1 0 0 0 0 0 0 0
     0 0 0 1 0 0 0 0 0 1 0 0 0 0 0 0
     0 0 0 0 1 0 0 0 0 0 1 0 0 0 0 0
     0 0 0 0 0 1 0 0 0 0 0 1 0 0 0 0］；
beq=d；
lb=zeros（1，16）；

m=100；
for i1=1：2：8
for j1=1：2：8
for i2=1：2：8
for j2=1：2：8
x0=［3 5 0 7 0 1 0 0 4 0 6 10，i1 j1，i2 j2］；
            ［x，fval］=fmincon（@fun5，x0，A，b，Aeq，beq，lb）；
if fval<m
                  m=fval；
xx=x；
end
end
end
end
end
xx，m
toc
```

其中：tic、toc 記錄程序運行時間。

運行結果如下：

```
xx =
    0    5.0000    0    0    0    11.0000    3.0000    0    4.0000
```

| 7.0000 | 6.0000 | 0 | 7.2500 | 7.7500 | 3.2552 | 5.6519 |

m =

85.2660

Elapsed time is 14.565186 seconds.

目標函數最優值為 85.266 0，比上一結果 89.883 5 有較大改進。

第三節　資產組合的有效前沿

資產組合的有效前沿的理論基礎是哈里馬科維茨（H.Markowitz）於 1952 年創立的資產組合理論，這個模型奠定了現代金融學的基礎，因此 1992 年哈里馬科維茨獲得諾貝爾經濟學獎。

一、問題

對於一個理性的投資者而言，他們都是厭惡風險而偏好收益的。對於相同的風險水平，他們會選擇能提供最大收益率的組合；對於相同的預期收益率，他們會選擇風險最小的組合。能同時滿足上述條件的一個投資組合稱為有效組合，所有的有效組合或有效組合的集合，稱為有效前沿。

例 7.6　現有 3 種資產的投資組合，未來可實現的收益是不確定的，預測的資產未來可實現的收益率，稱為預期收益率，其值為 $r = (0.1, 0.15, 0.12)$。未來投資收益的不確定性投資風險稱為投資風險，可以用預期收益率的標準差來表示，稱為預期標準差，其值為 $s = (0.2, 0.25, 0.18)$，相關係數為：$\rho = \begin{pmatrix} 1 & 0.8 & 0.4 \\ 0.8 & 1 & 0.3 \\ 0.4 & 0.3 & 1 \end{pmatrix}$。

問題：

（1）當資產組合收益率為 0.12 時，求解最優組合。

（2）有效前沿是什麼？

二、模型

令：資產投資比例為 $x = (x_1, x_2 \ldots x_n)^T$

則資產組合預期收益率為：

$$E(\hat{r}) = xE(r) = \sum_i x_i E(r_i)$$

資產組合預期方差為：

$$\sigma^2 = \sum_i \sum_j x_i x_j \sigma_{ij} = x^T V x$$

其中：$V = (\sigma_{ij})_n$ 為資產收益的協方差矩陣。

於是得到投資決策的規劃模型：

$$\max E(\hat{r}) = xE(r) = \sum_i x_i E(r_i)$$

$$\min \sigma^2 = \sum_i \sum_j x_i x_j \sigma_{ij} = x^T V x$$

$$st: \sum_i x_i = 1$$

這個模型被稱為均值-方差（M-V）模型。

三、模型求解

1. 感受　合

可以通過圖形來感受資產組合預期收益率、預期標準差的分佈狀況。

例 7.6 (1) 中，預期收益率 $r = (0.1, 0.15, 0.12)$，預期標準差 $s = (0.2, 0.25, 0.18)$，相關係數為：$\rho = \begin{pmatrix} 1 & 0.8 & 0.4 \\ 0.8 & 1 & 0.3 \\ 0.4 & 0.3 & 1 \end{pmatrix}$。

令：資產權重 $x = (x_1, x_2, x_3)^T$

隨機選取 x 的取值，觀察收益與風險的關係。算法如下：

Step1 隨機生成 n 組三維向量，並將向量歸一，作為資產權重。
Step2 計算每一個資產權重下的組合資產預期收益率、預期標準差。
Step3 以預期標準差為橫軸、預期收益率為縱軸，繪圖。

使用 MATLAB 模擬，代碼 c06.m 如下：

```
r=［0.1 0.15 0.12］;
s=［0.2  0.25 0.18］;
c=［1 0.8 0.4；0.8 1  0.3；0.4 0.3 1］;
s2=diag（s）*c*diag（s）
x=rand（1 000，3）;
total=sum（x，2）;
for j=1：3
x（：，j）=x（：，j）./total;
end
PortReturn=x*r';
for i=1：1 000
PortRisk（i，1）=x（i，：）*s2*x（i，：）';
end
plot（PortRisk，PortReturn，'.'）
```

運行后的圖形顯示見圖 7-1。

投資組合的有效組合應處在投資點的邊緣的位置上，這樣才能做到收益一定方差最小，或方差一定收益最大。從圖 7-1 中可以看出，絕大多數投資組合都不處在有效的位置，需要優化才能獲得較好的收益和方差。

圖 7-1　資產組合預期收益率、預期標準差的分佈狀況

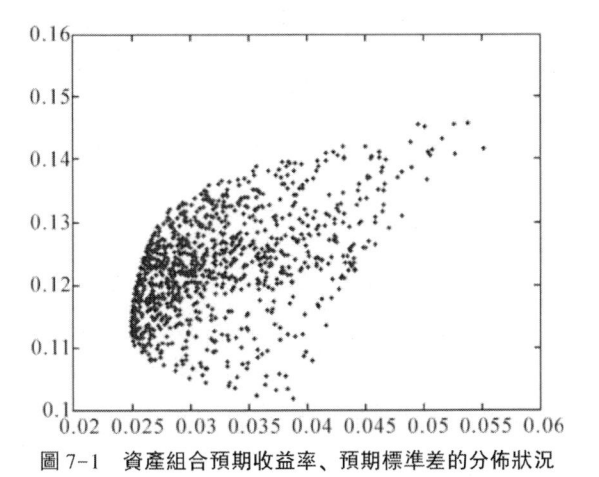

2. 最　　合

M-V 模型為多目標規劃問題，可以通過轉化為單目標規劃求解，控制收益優化風險得到二次規劃。二次規劃可以求得全局最優解，即：

$$\min \sigma^2 = \sum_i \sum_j x_i x_j \sigma_{ij} = x^T V x$$

$$st: \begin{cases} E(\hat{r}) = xE(r) = \sum_i x_i E(r_i) \geq \mu \\ \sum_i x_i = 1 \end{cases}$$

解　例 7.4（1）

投資決策的規劃模型為：

$$\min \sigma^2 = x^T V x$$

$$st: \begin{cases} E(\hat{r}) = xE(r) \geq \mu \\ \sum_{i=1}^{3} x_i = 1 \end{cases}$$

其中：$r = (0.1, 0.15, 0.12)$，$\mu = 0.12$

$$V = diag(s) \times \rho \times diag(s)，\rho = \begin{pmatrix} 1 & 0.8 & 0.4 \\ 0.8 & 1 & 0.3 \\ 0.4 & 0.3 & 1 \end{pmatrix}，s = (0.2, 0.25, 0.18)$$

使用 MATLAB 求解，首先建立目標函數（預期方差）的函數文件，代碼 fun8.m 如下：

```
function y=fun（x）
s2 = [0.0400    0.0400    0.0144
      0.0400    0.0625    0.0135
      0.0144    0.0135    0.0324];
```

y = x * s2 * x ';

下面使用 MATLAB 有約束優化指令 fmincon 求解，代碼 c08.m 如下：
r = [0.1 0.15 0.12];
x0 = [1 1 1] /3
A = -r
b = -0.12
Aeq = ones (1, 3)
beq = 1
lb = zeros (1, 3)
[x, fval] = fmincon (@fun8, x0, A, b, Aeq, beq, lb)

運行結果如下：
x =
  0.2299 0.1533 0.6169
fval =
  0.0254

即：當資產組合收益率為 0.12 時，最優投資組合的三種資產的投資比例為：0.229 9 0.153 3 0.616 9，對應的預期方差為 0.025 4。

將這一結果顯示在圖形上，MATLAB 代碼 c08.m 如下：
c07
hold on
plot (fval, x * r ', 'ro', 'MarkerFaceColor', 'w', 'MarkerSize', 12, 'LineWidth', 2)

運行后圖形顯示如下：

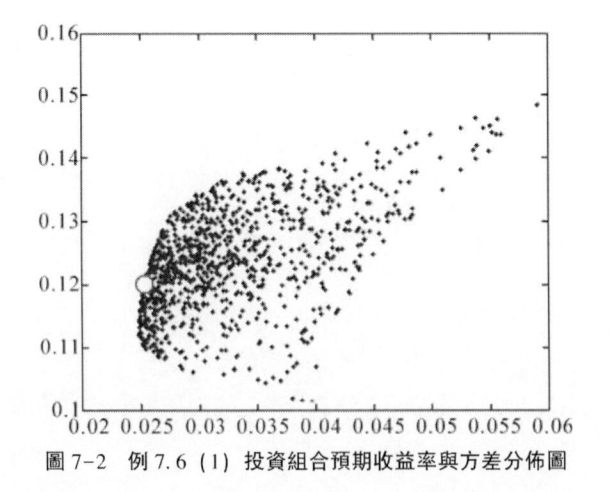

圖 7-2 例 7.6（1）投資組合預期收益率與方差分佈圖

其中，「o」位置為上述結果所在位置，處在有效位置上。

3. 有效前沿

有效前沿就是所有最佳組合的集合，一般無法用函數表達，可採用均勻選取離散點的方式來表達結果。

解 例7.4（2）

在 [0.1, 0.15] 均勻選取 $n = 1\,000$ 個資產組合收益率期望值，通過求解 M-V 模型，得到投資組合有效前沿的 1 000 個點，將相同的點合併，即為有效前沿的離散解。

使用 MATLAB 求解，代碼 c09.m 如下：

```
n=1000;
r=[0.1 0.15 0.12];
x0=[1 1 1]/3;
A=-r;
Aeq=ones(1,3);
beq=1;
lb=zeros(1,3);
k=0;
[x1,fval]=fmincon(@fun8,x0,A,0,Aeq,beq,lb);
for i=0.1:0.05/n:0.15
    b=-i;
    [x,fval]=fmincon(@fun8,x0,A,b,Aeq,beq,lb);
    k=k+1;
    Pr(k)=x*r'; Ps2(k)=fval;
    if sum(x-x1(size(x1,1),:)>0.0001)==1
        x1=[x1;x];
    end
end
x1
```

運行結果（部分）如下：

```
x1 =
    0.3887    0.0234    0.5879
         0    0.4133    0.5867
    ............
         0    0.9933    0.0067
         0    0.9983    0.0017
```

我們通過繪圖，可以顯示有效前沿對應的預期收益率、預期標準差所在位置。使用 MATLAB 繪圖，代碼 c09.m 如下：

```
c07
hold on
```

axis（［0.0200　　0.0650　　0.1000　　0.1520］）
plot（Ps2, Pr, 'k', 'linewidth', 2）
運行后的圖形顯示如圖7-3所示。

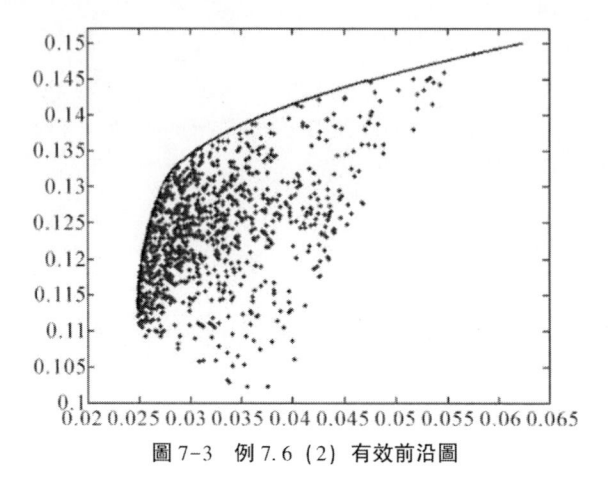

圖7-3　例7.6（2）有效前沿圖

其中，曲線代表資產有效前沿所在位置，處在資產組合收益風險的前段位置上，所以稱為有效前沿。

第四節　MATLAB求解的進一步討論

非線性規劃的算法均具有一定局限性，我們通過兩個實例來討論。

例7.7　給出測試函數：
$f(x) = x\sin(10\pi x) + 2, x \in [-1, 2]$
測試一元無約束優化函數指令的效果。

解　使用MATLAB，代碼為c10.m。
首先，繪製函數圖像：
f='x*sin（10*pi*x）+2';
fplot（f, ［-1, 2］）
圖形顯示如圖7-4所示。

圖 7-4　例 7.7 中測試函數的圖像

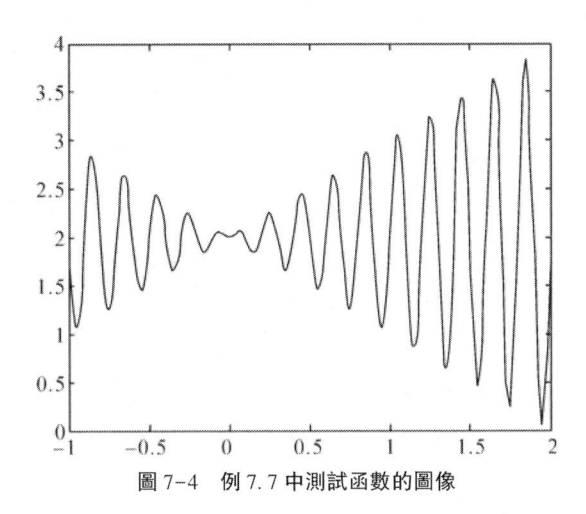

從圖 7-4 中可以看出：函數在區間 $[-1, 2]$ 內的最小值為 $f_{\min} \approx 0$，最小值點為 $x_{\min} \approx 1.95$。

使用 fminbnd 求解：

[x, fval] = fminbnd ('x * sin (10 * pi * x) +2', -1, 2)

結果如下：

x =

    0.1564

fval =

    1.8468

顯然，這一結果不是最小值，測試效果不理想。

可以採用縮小優化區間的方法，克服算法中的一些不足。

x0 = x; fval0 = fval;

n = 100;

for i = 1: n

[x, fval] = fminbnd ('x * sin (10 * pi * x) +2', -1+3 * (i-1) /n, -1+3 * i/n);

if fval<fval0

x0 = x; fval0 = fval;

end

end

x0, fval0

結果如下：

x0 =

    1.9505

fval0 =

    0.0497

得到函數在區間 $[-1, 2]$ 內的最小值為 $f_{min} = 0.0497$，最小值點為 $x_{min} = 1.9505$。

例7.8　給出測試函數 rastrigin：

$$f(x) = 20 + x_1^2 + x_2^2 - 10(\cos 2\pi x_1 + \cos 2\pi x_2)$$

測試多元無約束優化函數指令的效果。

解　使用 MATLAB，代碼為 c11.m。

首先，繪製函數圖像：

[x, y] = meshgrid (-2: 0.1: 2);
z = 20+x.^2 +y.^2 - 10 * (cos (2 * pi * x) +cos (2 * pi * y));
surf (x, y, z)

通過改變繪圖範圍得到兩個圖形，見圖 7-5。

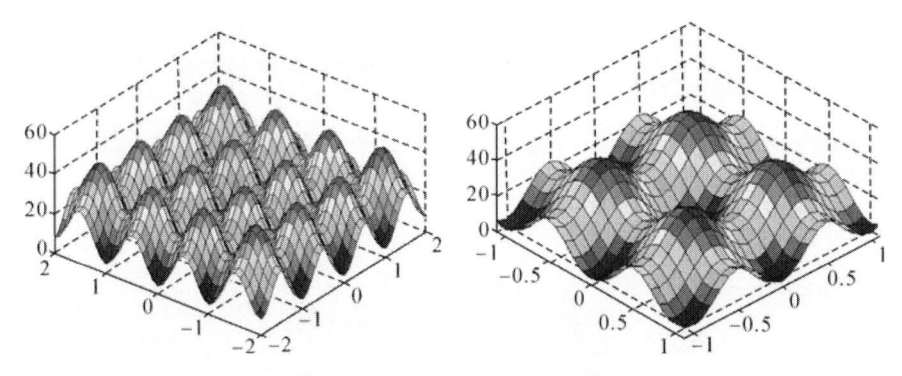

圖 7-5　例 7.8 中測試函數的圖像

Rastrigin 是一個著名的測試函數。從圖 7-5 中可以看出：很難看出最小值點所在位置，[1, 1] 點附近的極小值點大約就在 [1, 1] 點的位置上。

使用 fminsearch、fminunc 求解：

z=' 20+x(1)^2 +x(2)^2 - 10 * (cos(2 * pi * x(1))+cos(2 * pi * x(2)))';
[xx1, zm1] =fminsearch (z, [1, 1])
[xx2, zm2] =fminunc (z, [1, 1])

結果如下：

x1 =

　　0.9950　　0.9950

zval1 =

　　1.9899

x2 =

　　　0　　0

zval2 =

　　　0

兩個指令結果不相同，顯然 fminsearch 指令在此問題上更合理。fminunc 指令在此問題上求解的結果仍是極小值，但不是最近的極小值。

我們在區域 $x \in [-2, 2]$，$y \in [-2, 2]$ 內通過定步長搜索極值點來獲取區域內的最小值點：

```
k=0; n=10;
for i=1: n+1
  for j=1: n+1
        k=k+1;
zmin (1: 2, k) = 4 * [i-1; j-1] /n-2;
[zmin (3: 4, k), zmin (5, k) ] =fminsearch (z, zmin (1: 2, k) );
    [zmin (6: 7, k), zmin (8, k) ] =fminunc (z, zmin (1: 2, k) );
end
end
zmin
[zz, m] =min (zmin (5,:) );
zmin (3: 5, m)
```

結果如下：

ans =

    0

    0

    0

由此可以看出：此函數在區域 $x \in [-2, 2]$，$y \in [-2, 2]$ 內的最小值點為 [0, 0] 點，最小值為 0。

習題七

1. 使用 MATLAB 求解。

（1）$y = \ln(x^2 + 1)$，$x \in [-1, 2]$ 最大值與最小值。

（2）$z = x^2 + 2y^2 + 2xy - x$ 在 (-1, 2) 附近的最小值。

（3）$\min(2x^2 + 3y^2 + 5z^2)$

$$\begin{cases} 2x - y + 2z = 30 \\ x^2 + y^2 + z^2 \leq 100 \\ x, y, z \geq 0 \end{cases} \quad \text{在 (1, 2, 3) 附近}$$

2. 某工廠向用戶提供發動機，按合同規定，其交貨數量和日期是：第一季度末交 40 臺，第二季度末交 60 臺，第三季度末交 80 臺。工廠的最大生產能力為每季度 100 臺，每季度的生產費用是 $f(x) = 50x + 0.2x^2$（元）。此處 x 為該季生產發動機的臺數。若工廠某季度生產得多，多餘的發動機可移到下季度向用戶交貨。這樣，工廠就需支付存貯費，每臺發動機每季度的存貯費為 4 元。問：該廠每季度應生產多少臺發動機，才能既滿足交貨合同，又使工廠所花費的費用最少（假定第一季度開始時發動機無存貨）？

3. 飛行管理問題

在約 10 000 米高空的某邊長 160 千米的正方形區域內，經常有若幹架飛機做水平飛行。該區域內每架飛機的位置和速度向量均由計算機記錄其數據，以便進行飛行管理。當一架欲進入該區域的飛機到達區域邊緣時，記錄其數據後，要立即計算並判斷是否會與區域內的飛機發生碰撞。如果飛機會發生碰撞，則應計算如何調整各架（包括新進入的）飛機飛行的方向角，以避免發生碰撞。現假定條件如下：

（1）不碰撞的標準為任意兩架飛機的距離大於 8 千米；

（2）飛機飛行方向角調整的幅度不應超過 30 度；

（3）所有飛機飛行速度均為每小時 800 千米；

（4）進入該區域的飛機在到達區域邊緣時，與區域內飛機的距離應在 60 千米以上；

（5）最多考慮 6 架飛機；

（6）不必考慮飛機離開此區域後的狀況。

請你對這個避免碰撞的飛行管理問題建立數學模型，列出計算步驟，對以下數據進行計算（方向角誤差不超過 0.01 度），要求飛機飛行方向角調整的幅度盡量小。

設該區域 4 個頂點的坐標為 (0, 0)，(160, 0)，(160, 160)，(0, 160)。記錄數據見表 7-2。

表 7-2　　　　　　　　　　飛機管理問題數據表

飛機編號	橫坐標 x	縱坐標 y	方向角（度）
1	150	140	243
2	85	85	236
3	150	155	220.5
4	145	50	159
5	130	150	230
新進入	0	0	52

註：方向角指飛行方向與 x 軸正向的夾角

試根據實際應用背景對你的模型進行評價與推廣。

第八章 概率模型

概率論是研究隨機現象並揭示其統計規律性的一門數學學科。使用概率論知識如隨機變量與概率分佈等概念和理論建立的數學模型就稱為概率模型。由於自然界隨機現象存在的廣泛性，使得概率模型不僅應用到幾乎一切自然科學、技術科學以及經濟管理各領域中去，也逐漸滲入我們的日常生活之中。

第一節 MATLAB 概率計算

本節介紹 MATLAB 在概率統計計算中的若幹命令和使用格式。

一、概率計算函數

MATLAB 概率計算函數的函數名由「概率分佈名」與「概率函數名」兩部分通過字符串拼接而成。例如：

normcdf（3，1，2）

代表：計算均值為 1、標準差為 2 的正態分佈在 3 點分佈函數的值。其執行結果為：

ans =

    0.8413

此函數也可寫成：

cdf（'norm'，3，1，2）

常見概率分佈見表 8-1。

表 8-1　　　　　　　　　　常見概率分佈表

概率分佈	英文函數名	縮寫	參數
離散均勻分佈	Discrete Uniform	unid	N
二項分佈	Binomial	bino	n, p
泊松分佈	Poisson	poiss	λ
幾何分佈	Geometric	geo	p
超幾何分佈	Hypergeometric	hyge	M, K, N
均勻分佈	Uniform	unif	a, b
指數分佈	Exponential	exp	λ

表8-1(續)

概率分佈	英文函數名	縮寫	參數
正態分佈	Normal	norm	μ, σ
對數正態分佈	Lognormal	logn	μ, σ
χ^2 分佈	Chisquare	chi2	v
F 分佈	F	f	$v1, v2, \delta$
T 分佈	T	t	v

概率函數見表8-2。

表8-2　　　　　　　　MATLAB 概率函數表

函數	功能	說明
pdf (x, A, B, C)	概率密度	x 為分位點，A, B, C 為分佈參數
cdf (x, A, B, C)	分佈函數	x 為分位點，A, B, C 為分佈參數
inv (p, A, B, C)	逆概率分佈	p 為概率，A, B, C 為分佈參數
stat (A, B, C)	均值與方差	A, B, C 為分佈參數
rnd (A, B, C, m, n)	隨機數生成	A, B, C 為分佈參數，m, n 為矩陣的行、列數

值得注意的是，利用 MATLAB 進行正態分佈計算時，參數 A, B 代表均值 μ 和標準差 σ。

例 8.1　二項分佈 $b(k; n, p) = C_n^k p^k (1-p)^{n-k}$，$n = 10$，$p = 0.3$

(1) 計算 $X = 0$：10 點的二項分佈概率、分佈函數的值；

(2) 求二項分佈 $p = 0.5$ 的分位點；

(3) 求二項分佈均值、方差；

(4) 生成 2 行 5 列的二項分佈隨機數。

解　使用 MATLAB 求解，代碼 c01.m 如下：

x=0：10

binopdf (x, 10, 0.3)

binocdf (x, 10, 0.3)

binoinv (0.5, 10, 0.3)

[m, s2] = binostat (10, 0.3)

binornd (10, 0.3, 2, 5)

運行后的結果顯示如下：

x =

0　1　2　3　4　5　6　7　8　9　10

ans =

　　0.0282　0.1211　0.2335　0.2668　0.2001　0.1029　0.0368

0.0090   0.0014   0.0001   0.0000
　　ans =
　　　　0.0282   0.1493   0.3828   0.6496   0.8497   0.9527   0.9894
0.9984   0.9999   1.0000   1.0000
　　ans =
　　　　3
　　m =
　　　　3
　　S2 =
　　　　2.1000
　　ans =
　　　　3   2   3   2   2
　　　　5   3   4   2   4

例 8.2　正態分佈 $N(\mu, \sigma^2)$：$F(x) = \dfrac{1}{\sqrt{2\pi}\sigma} \int_{-\infty}^{x} e^{\frac{-(y-\mu)^2}{2\sigma^2}} dy$，$\mu = 1$，$\sigma^2 = 4$

（1）計算 $X = 0$：10 點的二項分佈概率、分佈函數的值；
（2）求二項分佈 $p = 0.5$ 的分位點；
（3）求二項分佈均值、方差；
（4）生成 2 行 5 列的二項分佈隨機數。

解　使用 MATLAB 求解，代碼 c01.m 如下：

x = 0：10；
normpdf（x, 1, 2）
normcdf（x, 1, 2）
norminv（0.5, 1, 2）
［m, s2］= normstat（1, 2）
normrnd（1, 2, 2, 5）

運行后的結果顯示如下：

　　ans =
　　　　0.1760   0.1995   0.1760   0.1210   0.0648   0.0270   0.0088
0.0022   0.0004   0.0001   0.0000
　　ans =
　　　　0.3085   0.5000   0.6915   0.8413   0.9332   0.9772   0.9938
0.9987   0.9998   1.0000   1.0000
　　ans =
　　　　1
　　m =
　　　　1

```
s2 =
    4
ans =
    1.8988    2.6521    2.7958    0.7056   -3.2473
    1.2013    2.0723    0.7361    3.0155   -0.0092
```

二、描述統計分析

通過 MATLAB 函數可以計算描述樣本的集中趨勢、離散趨勢、分佈特徵等的統計量的值。其函數見表 8-3。

表 8-3　　　　　　　　　　MATLAB 描述統計函數表

函數	功能	函數	功能
mean（x）	均值	median（x）	中位數
var（x）	方差	std（x）	標準差
max（x）	最大值	min（x）	最小值
range（x）	極差		
kurtosis（x）	峰度	skewness（x）	偏度
corrcoef（x）	相關係數	cov（x）	協方差矩陣

其中，若 x 為向量，函數的計算結果為一個常數。若 x 為矩陣，函數對矩陣 x 的每一列進行計算，結果為一行向量。

例 8.3　生成一個正態分佈隨機陣，計算每列數據的均值、中位數、方差、標準差、相關係數。

解　使用 MATLAB 求解，代碼 c02.m 如下：

```
x=normrnd（0, 10, 5, 5）;
mean（x）, median（x）
var（x）, std（x）
corrcoef（x）, cov（x）
```

運行后的結果顯示如下：

```
ans =
   -2.3874    0.1517   -5.4452   -6.9359   -0.2749
ans =
   -3.8258    1.3702   -6.2909   -5.6066    4.4133
ans =
   90.2128   14.3939  141.6752   36.6050  360.4762
ans =
    9.4980    3.7939   11.9027    6.0502   18.9862
```

```
ans =
    1.0000    0.1514    0.1770    0.1844   -0.4258
    0.1514    1.0000    0.6486    0.8401   -0.1961
    0.1770    0.6486    1.0000    0.9203    0.4876
    0.1844    0.8401    0.9203    1.0000    0.2907
   -0.4258   -0.1961    0.4876    0.2907    1.0000
```

第二節　報童的訣竅

一、問題

報童每天清晨從報社購進報紙零售，晚上將沒有賣掉的報紙退回。報童每天如果購進的報紙太少，供不應求，會少賺錢；如果購進太多，供過於求，將要賠錢。請你為報童設計銷售策略，確定每天購進報紙的數量，以獲得最大的收入。

二、模型的建立與求解

已知：報紙每份的購進價為 b，零售價為 a，退回價為 c，顯然 $a > b > c$。則：售出一份報紙賺 $a - b$，退回一份賠 $b - c$。

設：在報童的銷售範圍內每天報紙需求量為 r，則 r 為隨機變量，設其概率分佈是 $p(r)$。

設：每天購進量為 n，n 為本問題的決策變量。

則：購進 n 份報紙的銷售收入 $G(n)$ 有全部售出、部分售出兩種可能。

$$G(n) = \begin{cases} (a-b)n & r \geq n \\ (a-b)r - (b-c)(n-r) & r < n \end{cases}$$

由於需求量 r 是隨機的，所以隨機變量的函數 $G(n)$ 也是隨機的，則此模型的目標函數不能是銷售收入，而應該是長期收入的平均值。從概率論的觀點看，即為銷售收入的數學期望。

$$E(G(n)) = \sum_{r=0}^{n} [(a-b)r - (b-c)(n-r)]p(r) + \sum_{r=n+1}^{\infty} (a-b)np(r)$$

通常，需求量 r 和購進量 n 都相當大，因此可以將 r 視為連續變量。於是，概率分佈 $p(r)$ 就變成概率密度 $f(r)$，則上式變成：

$$E(G(n)) = \int_0^n [(a-b)r - (b-c)(n-r)]f(r)dr + \int_n^\infty (a-b)nf(r)dr$$

$$= (a-c)\int_0^n rf(r)dr - (b-c)n\int_0^n f(r)dr + (a-b)n\int_n^\infty f(r)dr$$

目標函數為：

$$\max EG = (a-c)\int_0^n rf(r)dr - (b-c)n\int_0^n f(r)dr + (a-b)n\int_n^\infty f(r)dr$$

模型求解：連續函數求駐點，於是對 $E(G(n))$ 求導得：

經濟模型與 MATLAB 應用

$$\frac{dEG}{dn} = (a-c)nf(n) - (b-c)\int_0^n f(r)dr - (b-c)nf(n) + (a-b)\int_n^\infty f(r)dr - (a-b)nf(n)$$

$$= -(b-c)\int_0^n f(r)dr + (a-b)\int_n^\infty f(r)dr$$

令 $\dfrac{dEG}{dn} = 0$，得：

$$\frac{\int_0^n f(r)dr}{\int_n^\infty f(r)dr} = \frac{(a-b)}{(b-c)}$$

因為 $\int_0^\infty f(r)dr = 1$，所以上式可表示為：

$$\int_0^n f(r)dr = \frac{a-b}{a-c}$$

此表達式為銷售量的分佈函數，滿足此式中的 n，即為報童最佳銷售策略時的報紙購進量。

三、模型應用

例8.4 報童每天清晨從報社購進報紙零售，若購進價為 $b = 0.3$，零售價為 $a = 1$，退回價為 $c = 0.1$。收集 50 天的銷售數據如下：

459，624，509，433，815，612，434，640，565，593，926，164，734，428，593，527，513，474，824，862，775，755，697，628，771，402，885，292，473，358，699，555，84，606，484，447，564，280，687，790，621，531，577，468，544，764，378，666，217，310

確定報童銷售策略。

解 使用 MATLAB 軟件進行分析，現將數據輸入 MATLAB 變量 x 中，代碼為 c03.m。

首先需要考察數據的分佈狀況。將銷售數據與服從具有相同均值與標準差的正態分佈的隨機變量取值在圖形中一起顯示來考察數據的狀況。

n=length（x）

m=mean（x）

s=std（x）

plot（sort（x），'*'）

holdon

plot（linspace（0, n, 300），norminv（linspace（0, 1, 300），m, s），'k'）

運行后的圖形顯示為圖 8-1。

由此可以看出，數據點「*」與正態分佈曲線非常接近，可以判斷數據服從正態分佈。使用 K-S 檢驗判斷：

圖 8-1 報紙銷售數據分佈狀況圖

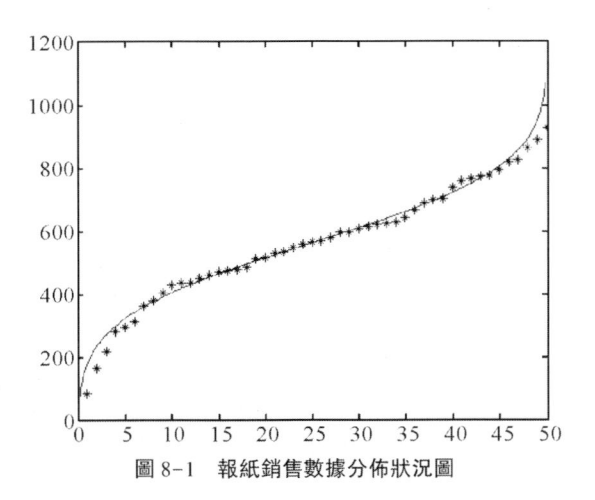

[h, p] =kstest (x, [x, normcdf (x, m, s)])
運行后的結果顯示如下：
h =
　　0
p =
　　0.9888
可以以 $p = 0.9888$ 高概率接收數據服從正態分佈。

於是，可以使用公式：$\int_0^n f(r)\,dr = \dfrac{a-b}{a-c}$ 求購進量 n。

使用公式：$EG = (a-c)\int_0^n rf(r)\,dr - (b-c)n\int_0^n f(r)\,dr + (a-b)n\int_n^\infty f(r)\,dr$ 求最佳期望收益 EG。

a=0.5, b=0.3, c=0.05
n=norminv ((a-b) / (a-c), m, s)
n=fix (n)
symsr
EG= (a-c) * int (r * 1/ (sqrt (2 * pi) * s) * exp (- (r-m) ^2/ (2 * s^2)), 0, n) - (b-c) *n * normcdf (n, m, s) + (a-b) *n * (1-normcdf (n, m, s))
vpa (EG, 6)
運行后的結果顯示如下：
n =
　　534
ans =
　　78.7587

即：報童最佳銷售策略時的報紙購進量為 534，最大期望收益為 78.758 7 元。

第三節　軋鋼中的浪費

一、問題

在軋鋼廠內，把粗大的鋼坯變成合格的鋼材通常要經過兩道工序：第一道是粗軋（熱軋），形成鋼材的雛形；第二道是精軋（冷軋），得到規定長度的成品材。粗軋時由於設備、環境等方面的眾多因素的影響，得到的鋼材的長度是隨機的，大體上呈正態分佈，其均值可以在軋制過程中由軋機調整設置，而均方差則由設備的精度決定，不能隨意改變。如果粗軋后的鋼材長度大於規定的長度，精軋時把多出的部分切掉，就會造成浪費；如果粗軋后的鋼材比規定長度短，則整根報廢，也會造成浪費。

問題：如何設置粗軋的均值，使精軋的浪費最小？

二、模型建立與求解

已知：成品鋼材的規定長度為 l，即精軋后鋼材的規定長度。粗軋后鋼材長度的方差為 σ^2，σ^2 由軋鋼廠的工藝水平決定，在不改變工藝設備的條件下，σ^2 不可以改變，但可以測量出來。

設：粗軋時可以調整的均值為 m，為決策變量。記粗軋得到的鋼材長度為 x，則 x 為正態隨機變量，即：$x \sim N(m, \sigma^2)$。

軋制過程中產生的浪費由兩部分組成：若 $x \geq l$，則會切掉多餘部分 $x - l$，其對應概率 $P = P(x \geq l)$；若 $x < l$，整根報廢，浪費長度為 l，對應概率 $P' = P(x < l)$。

於是，一根粗軋鋼材平均浪費長度為：

$$W = \int_l^\infty (x - l)f(x)dx + \int_{-\infty}^l xf(x)dx$$

$$= \int_{-\infty}^\infty xf(x)dx - \int_l^\infty lf(x)dx$$

其中：鋼材長度的概率密度函數 $f(x)$，是均值為 m、方差為 σ^2 的正態分佈的分佈密度。

因為 $\int_{-\infty}^\infty xf(x)dx = m$，$\int_l^\infty f(x)dx = P$

所以，$W = \int_{-\infty}^\infty xf(x)dx - l\int_l^\infty f(x)dx = m - lP$

本問題是一個最優化問題，決策變量為可設置的粗軋均值 m，接下來是建立合適的目標函數。問題是以一根粗軋鋼材平均浪費長度 W 是一個合適的目標函數嗎？

由於粗軋鋼材的長度由設置的粗軋均值 m 決定，m 的改變必然導致 W 的改變，無法進行統一比較，所以 W 不是一個合適的目標函數。由於成品鋼材的規定長度 l 是一個確定的值，以一根成品鋼材的平均浪費長度作為評判浪費的標準更具有科學性。於是，

得到的目標函數為：一根成品鋼材的平均浪費長度最小。

因為，N 根粗軋鋼材平均浪費長度為：

$W = m - lP$

N 根粗軋鋼材平均生產成品鋼材的根數為：

NP

所以，一根成品鋼材的平均浪費長度為：

$$\frac{mN - lPN}{PN} = \frac{m}{P} - l$$

由於成品鋼材的規定長度 l 是一個確定的值，不影響最優化決策，所以，取目標函數為第一項。

建立優化模型：

$$\min J(m) = \frac{m}{P(m)}$$

其中：$P(m) = \int_l^\infty f(x)dx$，$f(x) = \frac{1}{\sqrt{2\pi}\sigma}e^{-\frac{(x-m)^2}{2\sigma^2}}$

顯然，$J(m)$ 過於複雜，使用分析方法求解難度較大，一般採用計算機搜索的方法。

三、模型應用

例 8.5　在軋鋼中，設成品鋼材的規定長度 l 為 2 米，粗軋后鋼材長度的根方差 σ 為 20 厘米，求粗軋時設定均值 m 的值，使浪費最小。

解　使用 MATLAB 計算

建立目標函數的 MATLAB 函數文件，代碼 jm.n 如下：

```
function f=jm（l，m，sigma）
f=m/（1-normcdf（l，m，sigma）+eps）；
```

繪製目標函數圖形，考察函數的變化形態，代碼 c04.m 如下：

```
l=2，sigma=0.20，
for i=1：100
    m=1.8+i*0.01；%1.5-3.5
m1（i）=m；
f（i）=jm（l，m，sigma）；
end
plot（m1，f，'r'）
```

運行后顯示的圖形見圖 8-2。

圖 8-2　例 8.5 中目標函數圖形

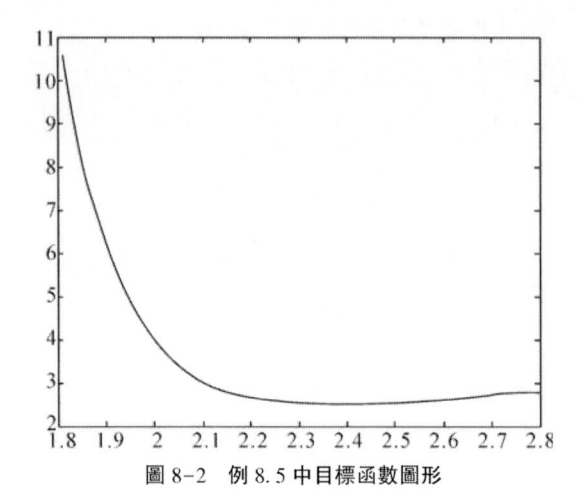

函數具有最小值，採用定步長搜索最優解：
m0=1;
m1=jm（1, m0, sigma）;
for m=1：0.000 1：4
if m1>jm（1, m, sigma）
　　　　m1=jm（1, m, sigma）;
　　　　m0=m;
end
end
m0
運行結果如下：
m0 =
　　2.3562
即：粗軋時設定均值的值為 2.356 2 米，浪費最小。

四、進一步討論

如果認為使用概率論的方法很複雜，也可選擇計算機模擬來避開複雜的概率分析。算法如下：

構建兩重循環，外循環為定步長搜索，內循環為模擬初軋長度。

Step1 設定粗軋長度均值的搜索區間、步長，構造循環，執行 Step2~Step4，記錄並搜索平均浪費長度最小值及其對應的粗軋長度均值；

Step2 設定模擬循環次數，構建循環，進入 Step3；

Step3 循環體內隨機生成正態隨機數作為粗軋時的長度，計算浪費的成品鋼個數；

Step4 在 Step2、Step3 循環結束后，計算一根成品鋼材的平均浪費長度；

Step5 最終得到最佳粗軋時設定均值，結束。

以例 8.5 為例，MATLAB 代碼為 c.m。

L=2，sigma=0.20

N=1000；%100

minj=inf；

for m=2.2：0.0001：2.5 %2：0.001：3

　　　y=0；z=0；

fori=1：N

　　　　x=normrnd（m，sigma）；

　　　　z=z+x；

if x>=L

　　　　y=y+1；

end

end

if（z-y*L）/y<minj

minj=（z-y*L）/y；

　　m0=m；

end

end

m0

運行結果如下：

m0 =

　　2.3559

多次模擬，結果會略有差別，與概率計算結果具有較小差別。

習題八

1. 使用 MATLAB 概率計算

（1）設 $X \sim N(350, 350^2)$，求：概率 $P(X > 250)$；

（2）設 $X \sim P(4)$ 柏松分佈，求：X_0 為何值時，$P(X \leq X_0)$ 達到 0.5。

2. 某人定點投籃投中率為 0.3，求：

（1）投籃 10 次，命中 5 次的概率；

（2）投籃幾次，命中達到或超過 5 次的概率達到 0.5。

3. 模擬

在籃球比賽中，某人罰球投中率為 0.3，若罰球均為 1+1 罰球，此人投罰球 10 次。求：

（1）此人投罰球投中 5 分及以上的概率；

（2）此人投罰球得多少分的概率最大。

第九章 統計分析模型

數理統計學是以概率論為基礎，對隨機數據進行搜集、整理、分析和推斷的一門學科。數理統計學內容龐雜，分支學科很多，包括描述統計分析、參數估計、非參數檢驗、假設檢驗、方差分析、相關分析、迴歸分析、聚類分析、因子分析、時間序列分析等。經過數理統計法求得各變量之間的函數關係，稱為統計模型。在對自然科學、社會科學、國民經濟重大問題等的研究中，常常需要有效地運用數據搜集與數據處理、多種模型與技術分析、社會調查與統計分析等，以便對問題進行推斷或預測，從而對決策和行動提供依據和建議。於是，統計分析模型就成為應用最廣泛的數學模型之一。

第一節 MATLAB 統計工具箱

統計工具箱基於 MATLAB 數值計算環境，支持範圍廣泛的統計計算任務。它包括 200 多個處理函數，概率計算和描述統計分析在第八章已介紹過。其他主要應用包括以下幾個方面：

一、參數估計

已知總體分佈，通過樣本統計量估計總體參數如均值、方差的方法稱為參數估計。通過 MATLAB 進行參數估計的函數見表 9-1。

表 9-1　　　　　　　　MATLAB 參數估計函數表

函數	功能	說明
[muhat, sigmahat, muci, sigamaci] = 分佈+fit (x, alpha)	參數估計	總體為正態分佈輸入：數據、顯著性水平 輸出：均值點估計、方差點估計、均值置信區間、方差置信區間
[phat, pci] = mle[『dist』, data, alpha]	最大似然估計	輸入：分佈、數據、顯著性水平 輸出：點估計、置信區間

例 9.1　某班某課程的期末成績見 c01.m。

參數估計的 MATLAB 代碼 c01.m 如下：

[muhat, sigmahat, muci, sigamaci] = normfit (x, 0.05)

[muhat, sigmahat] = mle ('norm', x)

運行結果如下：
muhat =
    77.4118
sigmahat =
    15.3417
muci =
    73.0968
    81.7267
sigamaci =
    12.8365
    19.0709
phat =
    77.4118   15.1905
pci =
    73.0968   12.8365
    81.7267   19.0709

二、非參數檢驗

在總體方差未知或知道甚少的情況下，利用樣本數據對總體分佈形態等進行推斷的方法，稱為非參數檢驗。通過 MATLAB 進行非參數檢驗的函數見表 9-2。

表 9-2　　　　　　　　　　MATLAB 非參數檢驗函數表

函數	功能	說明
[h, p, kstat, critval] = lillietest (x, alpha)	小樣本正態檢驗	輸入：數據、顯著性水平 輸出：結果、相伴概率、檢驗統計量、分位點
[h, p, jbstat, cv] = jbtest (x, alpha)	大樣本正態檢驗	
[h, p, ksstat, cv] = kstest (x)	標準正態檢驗	
[h, p, ksstat, cv] = kstest (x, cdf, alpha, tail)	單樣本 K-S 檢驗	
[h, p, ks2stat] =kstest2 (x, y)	雙樣本 K-S 檢驗	
[p, h, state] = ranksum (x, y, alpha)	U 檢驗：中位數比較	
[p, h, state] =signrank (x, y)	相同維數：中位數比較	
cdfplot (x)	分佈圖	

由於原假設稱為零假設，備擇假設稱為一假設，所以，h＝0 代表接受原假設，h＝1 代表拒絕原假設。

例 9.2　利用 MATLAB 自帶數據：石油價格 gas.mat，檢驗兩組數據是否為正態分佈，兩組數據分佈是否相同？

非參數檢驗的 MATLAB 代碼 c02.m 如下：
load gas
[h, p, s] =lillietest（price1）
[h, p, s] =kstest2（price1，price2）
運行結果如下：
h =
　　0
p =
　　0.5000
s =
　　0.0940
h =
　　0
p =
　　0.0591
s =
　　0.4000

三、假設檢驗

根據假設條件由樣本推斷總體的一種方法稱為假設檢驗。通過 MATLAB 進行假設檢驗的函數見表 9-3。

表 9-3　　　　　　　　　　MATLAB 假設檢驗函數表

函數	功能	說明
[h, sig, ci, zval] = ztest（x, m, sigma, alpha, tail)）	z 檢驗	方差已知 輸入：數據、均值、方差、顯著性水平、選項 輸出：結果、相伴概率、區間估計、統計量
[h, sig, ci, stats] = ttest（x, m, alpha, tail)	t 檢驗	方差未知
[h, sig, ci, stats] = ttest2（x, m, alpha, tail)	雙樣本 t 檢驗	方差未知

例 9.3　某班某課程的期末成績見 c03.m。
假設檢驗的 MATLAB 代碼 c01.m 如下：
[h, sig, ci, stats] =ttest（x, 80）
[h, sig, ci, stats] =ttest2（x, y）
運行結果如下：

h =
    0
sig =
    0.2498
ci =
    71.8252
    82.1748
stats =
tstat: -1.1644
df: 50
sd: 18.3989
h =
    0
sig =
    0.9026
ci =
    -7.0670
    6.2435
stats =
tstat: -0.1227
df: 100
sd: 16.9394

四、方差分析

方差分析（Analysis of Variance，ANOVA）又稱「變異數分析」，是指用於兩個及兩個以上樣本均數差別的顯著性檢驗。通過 MATLAB 進行方差分析的函數見表 9-4。

表 9-4　　　　　　　　　　MATLAB 方差分析函數表

函數	功能	說明
[p, anovatab, stats] = anova1(x, group, displayopt)	單因素方差分析	輸入：數據、分組、顯示選項 輸出：概率、方差分析表、結構
[c, m] = multcompare(stats)	多重均值比較	相伴指令
[p, table, stats] = anova2(x, reps, displayopt)	多因素方差分析	

例 9.4　利用 MATLAB 自帶數據：乳杆菌 hogg.mat，檢驗五組數據是否有顯著性差異？

方差分析的 MATLAB 代碼 c04.m 如下：

load hogg

［p，anovatab，stats］＝anova1（hogg）

［c，m］＝multcompare（stats）

部分運行結果如下：

p =

　1.1971e-004

stats =

gnames：［5x1 char］

n：［6 6 6 6 6］

source：'anova1'

means：［23.8333 13.3333 11.6667 9.1667 17.8333］

df：25

s：4.720 9

```
                          ANOVA Table
Source      SS        df      MS        F        Prob>F
-----------------------------------------------------------
Columns     803       4       200.75    9.01     0.0001
Error       557.17    25      22.287
Total       1360.17   29
```

圖 9-1　方差分析表

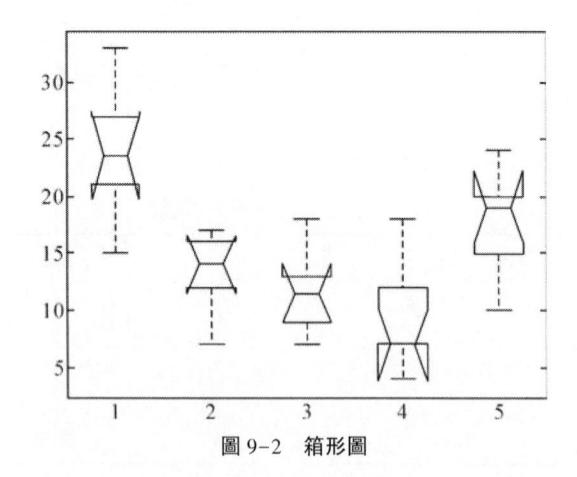

圖 9-2　箱形圖

圖 9-3 多重比較圖

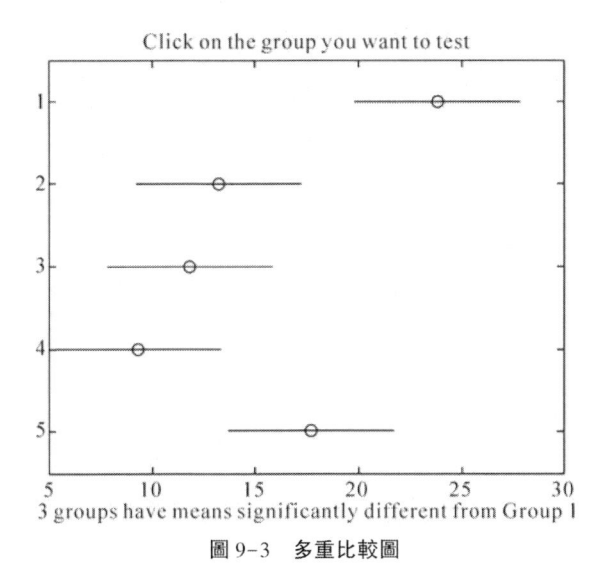

另兩個方差分析例子的 MATLAB 代碼 c04.m、c05.m，請讀者自行分析。

五、迴歸分析

確定兩種或兩種以上變量間相互依賴的定量關係的統計分析方法稱為迴歸分析。迴歸分析分為一元迴歸、多元迴歸以及線性迴歸和非線性迴歸等。通過 MATLAB 進行迴歸分析的函數見表 9-5。

表 9-5　　　　　　　　　MATLAB 迴歸分析函數表

函數	功能	說明
［b, bint, r, rint, stats］= regress（y, x, alpha）	線性迴歸	輸入：被解釋變量列、解釋變量矩陣、顯著性水平 輸出：系數估計值、置信區間、殘差估計值、置信區間、擬合優度檢驗值（R^2, F, p, s^2）
rcoplot（r, rint）	殘差分析圖	相伴指令
rstool（x, y）	迴歸交互窗口	線性
stepwise（x, y）	逐步迴歸交互窗口	線性
［beta, R, J］= nlinfit（x, y,』model』, beta0）	非線性迴歸	輸入：解釋變量、被解釋變量、模型函數、參數初值 輸出：參數估計值、殘差、預測誤差的 Jacobi 矩陣
betaci = nlparci（beta, R, J）	置信區間	相伴指令
nlintool（x, y,』model』, beta）	迴歸交互窗口	非線性

例 9.5　樣本數據 A 見 c07.m。

迴歸分析的 MATLAB 代碼 c07.m 如下：

y = A（:, 5）
x =［ones（size（y）），A（:, 4）］
［b, bint, r, rint, stats］= regress（y, x）

部分運行結果如下：

b =

　　7.8141
　　2.6652

bint =

　　7.6505　　7.9777
　　2.1357　　3.1947

stats =

　　0.7915　　106.3028　　0.0000　　0.1002

六、主成分分析、因子分析

主成分分析、因子分析均為把多個存在較強的相關性的變量綜合成少數幾個不相關的綜合變量來研究總體各方面信息的多元統計方法。主成分分析是將主成分表示為原觀測變量的線性組合，因子分析則是將原觀測變量分解成公共因子和特殊因子兩部分。通過 MATLAB 進行主成分分析、因子分析的函數見表 9-6。

表 9-6　　　　MATLAB 主成分分析、因子分析函數表

函數	功能	說明
X = zscore（x）	標準化	
［coeff, score, latent, tsquared］= princomp（x）	主成分分析	輸入：樣本數據需標準化 輸出：特徵向量矩陣、主成分得分、特徵值、奇異點判別統計量
［coeff, latent, explained］= pcacov（v）	主成分分析	輸入：協方差矩陣 輸出：特徵向量矩陣、特徵值、方差貢獻率
［lambda, psi, T, stats, F］= factoran（X, m）	因子分析	輸入：觀測數據、因子個數 輸出：載荷矩陣，方差最大似然估計，旋轉矩陣，統計量（loglike 對數似然函數最大值、dfe 誤差自由度、chisq 近視卡方檢驗統計量、p 相伴概率），因子得分默認：因子旋轉——方差最大法

例 9.6　利用 MATLAB 自帶數據：城市生活質量 cities.mat，將指標（climate, housing, health, crime, transportation, education, arts, recreation, economics）進行縮減。

主成分分析的 MATLAB 代碼 c08.m 如下：

load cities

X = zscore（ratings）;

[coeff, score, latent, tsquared] = princomp（X）

部分運行結果如下：

coeff =

0.2064	0.2178	-0.6900	0.1373	0.3691	-0.3746	0.0847	-0.3623	0.0014
0.3565	0.2506	-0.2082	0.5118	-0.2335	0.1416	0.2306	0.6139	0.0136
0.4602	-0.2995	-0.0073	0.0147	0.1032	0.3738	-0.0139	-0.1857	-0.7164
0.2813	0.3553	0.1851	-0.5391	0.5239	-0.0809	-0.0186	0.4300	-0.0586
0.3512	-0.1796	0.1464	-0.3029	-0.4043	-0.4676	0.5834	-0.0936	0.0036
0.2753	-0.4834	0.2297	0.3354	0.2088	-0.5022	-0.4262	0.1887	0.1108
0.4631	-0.1948	-0.0265	-0.1011	0.1051	0.4619	0.0215	-0.2040	0.6858
0.3279	0.3845	-0.0509	-0.1898	-0.5295	-0.0899	-0.6279	-0.1506	-0.0255
0.1354	0.4713	0.6073	0.4218	0.1596	-0.0326	0.1497	-0.4048	0.0004

latent =

　　3.4083
　　1.2140
　　1.1415
　　0.9209
　　0.7533
　　0.6306
　　0.4930
　　0.3180
　　0.1204

七、聚類分析

聚類分析是對樣品或指標進行分類的一種多元統計分析。在 MATLAB 中，聚類分析是通過多個函數完成的，見表 9-7。

表 9-7　　　　　　　　　　　MATLAB 聚類分析函數表

函數	功能	說明
X = zscore（x）	標準化	
Y = pdist（X,'metric'）	距離	默認歐式平方距離
Y = squareform（y）	距離矩陣	
Z = linkage（y, method）	組間距離	「single」,「complete」,「average」,「weighted」,「centroid」,「median」,「ward」
dendrogram（Z）	聚類樹	
T = cluster（Z,'maxclust', n）	類成員	

例 9.7　中國某年份省、市、自治區的生活質量數據見 c09.m，利用此數據將各省歸類。

聚類分析的 MATLAB 代碼 c09.m 如下：

X = zscore（data）;

y = pdist（X）

Y = squareform（y）

Z = linkage（y）

dendrogram（Z）

plot（Z（:, 3）,'*'）

T = cluster（Z,'maxclust', 3）'

部分運行結果如下：

Z =

26.0000	28.0000	0.4533
1.0000	2.0000	0.5490
12.0000	18.0000	0.6079
24.0000	25.0000	0.6178
13.0000	34.0000	0.6703
27.0000	35.0000	0.6950
19.0000	21.0000	0.7205
30.0000	32.0000	0.7225
17.0000	36.0000	0.7286
38.0000	39.0000	0.8043
20.0000	41.0000	0.8257
10.0000	11.0000	0.8459
15.0000	40.0000	0.8484
37.0000	42.0000	0.8831
4.0000	5.0000	0.9433
29.0000	45.0000	1.0041

14.0000	44.0000	1.0049
47.0000	48.0000	1.1031
9.0000	43.0000	1.1631
22.0000	49.0000	1.2214
50.0000	51.0000	1.2389
23.0000	52.0000	1.2440
6.0000	7.0000	1.2443
3.0000	33.0000	1.2660
53.0000	54.0000	1.2820
8.0000	46.0000	1.3359
16.0000	56.0000	1.4762
31.0000	58.0000	1.5585
55.0000	57.0000	1.6637
59.0000	60.0000	1.7642

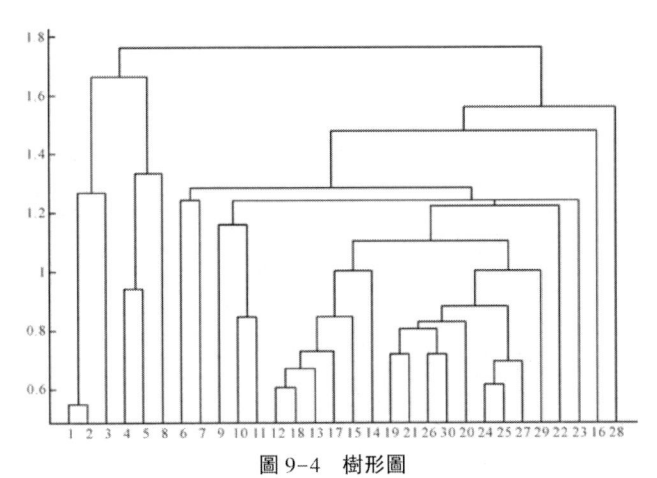

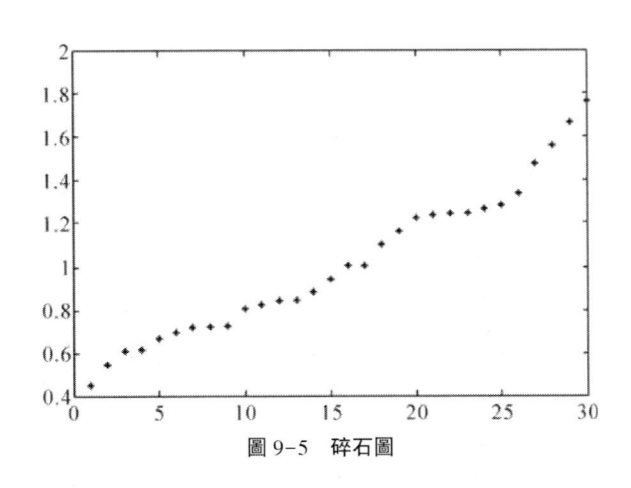

圖 9-4　樹形圖

圖 9-5　碎石圖

T =
1 1 1 2 2 3 3 2 3 3 3 3
3 3 3 3 3 3 3 3 3 3 3 3
3 3 3 3 3

第二節　牙膏銷售量

一、問題提出

某大型牙膏製造企業為了更好地拓展產品市場，有效地管理庫存，公司董事會要求銷售部門根據市場調查，找出公司生產的牙膏銷售量價格、廣告投入等之間的關係，從而預測出在不同價格和廣告費用下的銷售量。為此，銷售部的研究人員搜集了過去30個銷售週期（每個銷售週期為4周）公司生產的牙膏銷量、銷售價格、投入的廣告費用，以及同期其他廠家生產的同類牙膏的平均銷售價格，見表9-8。

表 9-8　　　　牙膏銷售量與銷售價格、廣告費用等數據

銷售週期	公司銷售價格（元）	其他廠家平均價格（元）	廣告費用（百萬元）	價格差（元）	銷售量（百萬支）
1	3.85	3.80	5.50	-0.05	7.38
2	3.75	4.00	6.75	0.25	8.51
3	3.70	4.30	7.25	0.60	9.52
4	3.70	3.70	5.50	0	7.50
5	3.60	3.85	7.00	0.25	9.33
6	3.60	3.80	6.50	0.20	8.28
7	3.60	3.75	6.75	0.15	8.75
8	3.80	3.85	5.25	0.05	7.87
9	3.80	3.65	5.25	-0.15	7.10
10	3.85	4.00	6.00	0.15	8.00
11	3.90	4.10	6.50	0.20	7.89
12	3.90	4.00	6.25	0.10	8.15
13	3.70	4.10	7.00	0.40	9.10
14	3.75	4.20	6.90	0.45	8.86
15	3.75	4.10	6.80	0.35	8.90
16	3.80	4.10	6.80	0.30	8.87
17	3.70	4.20	7.10	0.50	9.26
18	3.80	4.30	7.00	0.50	9.00
19	3.70	4.10	6.80	0.40	8.75
20	3.80	3.75	6.50	-0.05	7.95
21	3.80	3.75	6.25	-0.05	7.65
22	3.75	3.65	6.00	-0.10	7.27
23	3.70	3.90	6.50	0.20	8.00
24	3.55	3.65	7.00	0.10	8.50
25	3.60	4.10	6.80	0.50	8.75
26	3.65	4.25	6.80	0.60	9.21
27	3.70	3.65	6.50	-0.05	8.27
28	3.75	3.75	5.75	0	7.67
29	3.80	3.85	5.80	0.05	7.93
30	3.70	4.25	6.80	0.55	9.26

註：價格差是指其他廠家平均價格與公司銷售價格之差

試根據這些數據建立一個數學模型，分析牙膏銷售量與其他因素的關係，為制定價格策略和廣告投入策略提供數據依據。

二、模型建立與求解

在尋找變量間依賴關係時，有時無法用機理分析方法導出其模型，於是可使用數理統計法分析觀測數據得到變量之間的函數關係，用於預測、控制等問題。在經濟研究中這種特點尤其顯著，比如牙膏銷售量就是此類問題。

這裡我們的分析不涉及統計分析的數學原理，而是通過建立統計模型，應用數學軟件求解分析，來學習統計模型解決實際問題的基本方法。

由於牙膏是生活必需品，對大多數顧客來說，在購買同類產品的牙膏時更多地會在意不同品牌之間的價格差異，而不是它們的價格本身。因此，在研究各個因素對銷售量的影響時，用價格差代替公司銷售價格和其他廠家的平均價格更為合適。

記牙膏銷售量為 y，公司投入的廣告費用為 x_2，其他廠家的平均價格與公司銷售價格分別為 x_3 和 x_4，其他廠家的平均價格與公司銷售價格之差（價格差）為 $x_1 = x_3 - x_4$。基於上面的分析，我們利用 x_1 和 x_2 來建立 y 的預測模型。

1. 模型建立

首先，利用圖形觀察數據關係，使用 MATLAB 進行分析，先將數據保存在 c10.m 中，使用繪圖指令繪製 y 對 x_1 與 x_2 的散點圖，代碼 c11.m，結果見圖9-6和圖9-7。

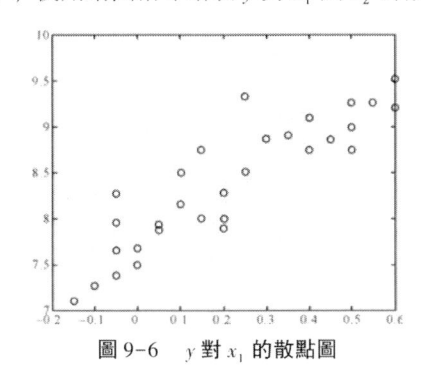

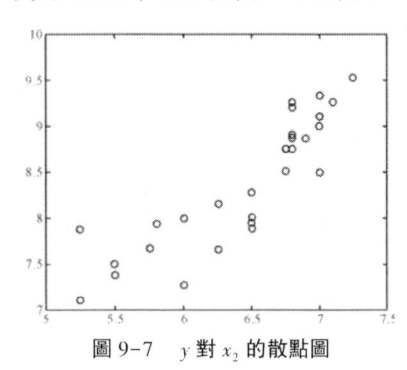

圖9-6　y 對 x_1 的散點圖　　　　　圖9-7　y 對 x_2 的散點圖

從圖9-6、圖9-7中可以看出，x_1，x_2 與 y 明顯具有關係，是線性關係嗎？再看圖9-8和圖9-9。

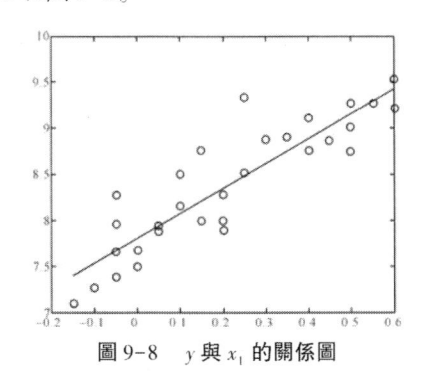

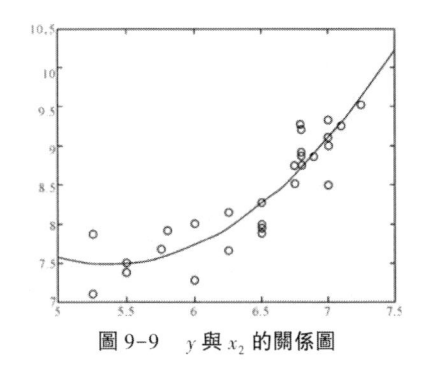

圖9-8　y 與 x_1 的關係圖　　　　　圖9-9　y 與 x_2 的關係圖

從這兩個圖中更容易看出，x_1 與 y 具有線性關係：

$y = \beta_0 + \beta_1 x_1 + \varepsilon$

x_2 與 y 具有二次函數關係：

$y = \beta_0 + \beta_1 x_2 + \beta_2 x_2^2 + \varepsilon$

其中：ε 是隨機誤差。

綜上分析，建立如下迴歸模型：

$y = \beta_0 + \beta_1 x_1 + \beta_2 x_2 + \beta_3 x_2^2 + \varepsilon$

其中：迴歸系數 β_0，β_1，β_2，β_3 為待估參數，隨機誤差 ε 服從均值為 0 的正態分佈。

2. **模型求解**

利用 MATLAB 迴歸函數求解，求解代碼 c12.m 如下：

```
ya1
x = [ones(size(x1)), x1, x2, x2.^2];
[b, bint, r, rint, stats] = regress(y, x)
```

部分運行結果如下：

b =

    17.3244

    1.3070

   -3.6956

    0.3486

bint =

    5.7282   28.9206

    0.6829   1.9311

   -7.4989   0.1077

    0.0379   0.6594

stats =

    0.9054   82.9409   0.0000   0.0490

其中，b 表示迴歸系數估計值，bint 表示迴歸系數區間估計，stats 表示擬合優度檢驗 R^2，F，p，s^2 值。

於是得到模型的迴歸系數的估計值及其置信區間（置信水平 $\alpha = 0.05$）、檢驗統計量 R^2，F，p，s^2 的結果，見表 9-9。

表 9-9 模型的計算結果

參數	參數估計	參數置信區間
β_0	17.3244	[5.7282, 28.9206]
β_1	1.3070	[0.6829, 1.9311]

表9-9(續)

參數	參數估計	參數置信區間
β_2	-3.6956	$[-7.4989, 0.1077]$
β_3	0.3486	$[0.0379, 0.6594]$

$R^2 = 0.9054 \quad F = 82.9409 \quad p = 0.0000 \quad s^2 = 0.0490$

結果顯示，$R^2 = 0.9054$ 是指因變量 y 的 90.54% 可由模型確定，F 值遠遠超過 F 檢驗的臨界值，p 遠遠小於 α，因此迴歸模型整體顯著。

在迴歸係數中，β_2 的置信區間包含零點（但區間右端點距零點很近），表明迴歸變量 x_2（對因變量 y 的影響）不太顯著，須對模型表達式進行改進。但由於 x_2^2 是顯著的，我們仍需將變量 x_2 保留在模型中。

3. 模型用

把迴歸係數的估計值代入模型，即可預測公司未來某個銷售週期牙膏的銷售量 y，將預測值記為 $\hat{y}$，得到模型的預測方程：

$$\hat{y} = \hat{\beta}_0 + \hat{\beta}_1 x_1 + \hat{\beta}_2 x_2 + \hat{\beta}_3 x_2^2$$

其中：$\hat{\beta}_0 = 17.3244, \hat{\beta}_1 = 1.3070, \hat{\beta}_2 = -3.6956, \hat{\beta}_3 = 0.3486$。

只需知道該銷售週期的價格差 x_1 和投入的廣告費用 x_2，就可以計算預測值 $\hat{y}$。

其中，$x_1 = x_3 - x_4$，公司無法直接確定價格差 x_1，因為其他廠家的價格不是公司所能控制的。但是其他廠家的平均價格一般可以根據市場情況及原材料的價格變化等估計，只要調整公司的牙膏銷售價格便可設定迴歸變量價格差 x_1 的值。

設控制價格差 $x_1 = 0.2$ 元，投入廣告費 $x_2 = 650$ 萬元，得：

$$\hat{y} = \hat{\beta}_0 + \hat{\beta}_1 x_1 + \hat{\beta}_2 x_2 + \hat{\beta}_3 x_2^2 = 8.2933 \text{（百萬支）}$$

代入公式計算還可得到在 95% 的置信度下銷售量的預測區間為 $[7.8239, 8.7636]$，其中上限用作庫存管理的目標值。

若估計 $x_3 = 3.9$，而設定 $x_4 = 3.7$，可以有 95% 的把握知道銷售額在 $7.8320 \times 3.7 \approx 29$ 百萬元以上，以此可作為財政預算的參考數據。

三、模型改進

1. 改 模型

$$y = \beta_0 + \beta_1 x_1 + \beta_2 x_2 + \beta_3 x_2^2 + \varepsilon$$

在迴歸係數中，因為迴歸變量 x_2 係數 β_2 的估計值不太顯著，所以需要改進。

上述模型中，迴歸變量 x_1, x_2 對因變量 y 的影響是相互獨立的，即牙膏銷售量 y 的均值和廣告費用 x_2 的二次關係由迴歸係數 β_2, β_3 確定，而不依賴於價格差 x_1；同樣，y 的均值與 x_1 的線性關係由迴歸係數 β_1 確定，而不依賴於 x_2。現在來考察 x_1 和 x_2 之間的交互作用會對 y 有何影響。可以簡單地用 x_1, x_2 的乘積代表他們的交互作用，將模型增

加一項：

$$y = \beta_0 + \beta_1 x_1 + \beta_2 x_2 + \beta_3 x_2^2 + \beta_4 x_1 x_2 + \varepsilon$$

2. 模型求解

利用 MATLAB 迴歸函數求解，求解代碼 c13. m 如下：
clc, clear
c10
x = [ones (size (x1)), x1, x2, x2.^2, x1.*x2];
[b, bint, r, rint, stats] = regress (y, x)

運行結果見表 9-10。

表 9-10　　　　　　　　　模型的計算結果

參數	參數估計	參數置信區間
β_0	29.1133	[13.7013, 44.5252]
β_1	11.1342	[1.9778, 20.2906]
β_2	-7.6080	[-12.6932, -2.5228]
β_3	0.6712	[0.2538, 1.0887]
β_4	-1.4777	[-2.8518, -0.1037]
$R^2 = 0.9209$　$F = 72.7771$　$p = 0.0000$　$s^2 = 0.0426$		

從 R^2, F, p, s^2 可以看出，模型整體顯著，並且參數置信區間不再跨越零點，與表 9-9 的模型結果相比，R^2 有所提高，說明模型有所改進，更符合實際。

使用新模型對該公司的牙膏銷售量做預測，仍設在某個銷售週期中，維持產品的價格差 $x_1 = 0.2$ 元，並投入 $x_2 = 6.5$ 百萬元的廣告費用，則該週期牙膏銷售量 y 的估計值為 $\hat{y} = 8.3253$ 百萬支，置信度為 95% 的預測空間為 [7.8953, 8.7592]，與上一模型的結果相比，$\hat{y}$ 略有增加，而預測區間長度縮短，表示預測精度提高。

3. 模型　用

為了解 x_1 和 x_2 之間的相互作用，考察模型的預測方程：

$\hat{y} = 29.1133 + 11.1342 x_1 - 7.6080 x_2 + 0.6712 x_2^2 - 1.4777 x_1 x_2$

如果取價格差 $x_1 = 0.1$ 元，代入可得：

$\hat{y}|_{x_1 = 0.1} = 30.2267 - 7.7558 x_2 + 0.6721 x_2^2$

再取 $x_1 = 0.3$ 元，代入可得：

$\hat{y}|_{x_1 = 0.3} = 32.4536 - 8.0513 x_2 + 0.6721 x_2^2$

它們均為 x_2 的二次函數，使用 MATLAB 繪圖，代碼為 c14. m，運行后顯示的圖形見圖 9-10。

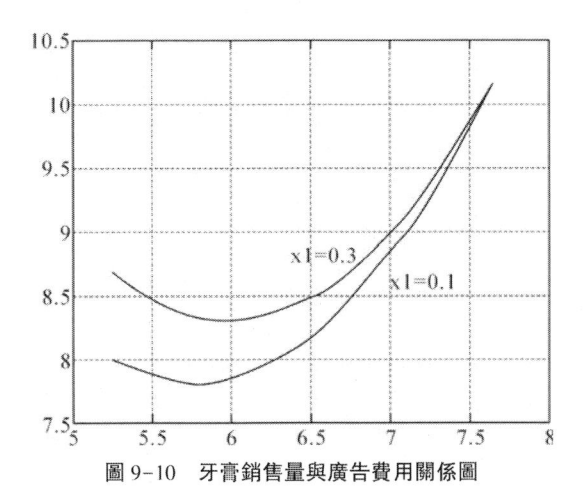

圖 9-10 牙膏銷售量與廣告費用關係圖

由此可以看出，當 $x_2 < 7.5360$ 時，總有 $\hat{y}|_{x_1=0.3} > \hat{y}|_{x_1=0.1}$，即若廣告費用不超過 7.5 百萬元，價格優勢會使銷售量增加。

當 $x_2 \geq 7.5360$ 時，兩條曲線幾乎合在一起，說明廣告投入達到一定數量，價格已經不太重要！

4. 其他

MATLAB 有一個特殊的線性迴歸工具：回應面分析，函數名及使用格式為：

rstool（X，Y，model）

其中：X 為解釋變量取值矩陣，Y 為被解釋變量取值向量。

例如，牙膏銷售量問題使用 rstool 求解，輸入：

rstool（[x1 x2]，y）

執行后會跳出一個交互頁面，見圖 9-11。

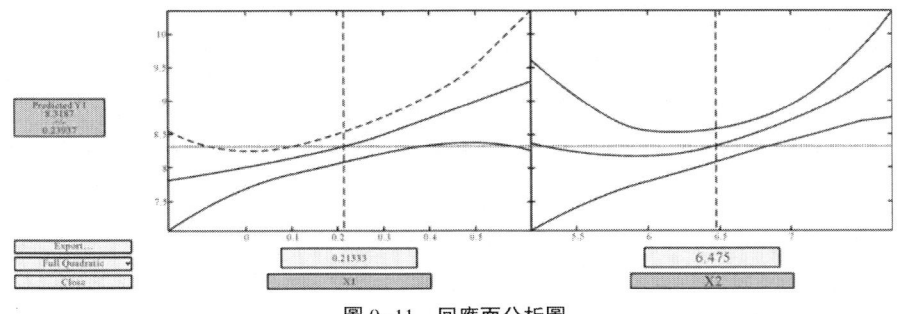

圖 9-11 回應面分析圖

在圖的左下方可選擇模型的類型，比如選擇 Full Quadratic 選項，則使用的模型為完全二次多項式模型：

$$y = \beta_0 + \beta_1 x_1 + \beta_2 x_2 + \beta_3 x_1 x_2 + \beta_4 x_1^2 + \beta_5 x_2^2 + \varepsilon$$

在圖的下方的輸出框內輸入數據，可改變 x_1 和 x_2 的數值，當 $x_1 = 0.2$，$x_2 = 6.5$ 時，

左邊的窗口顯示 8.3092 ± 0.2558，即預測值 $\hat{y}$ = 8.3092，預測區間為 8.3092 ± 0.2558 = [8.0471, 8.5587]，與前面的模型結果相差不大。

點擊左下方輸出 Export 按鈕，可以得到模型的迴歸係數的估計值。

三、評註

從以上分析可以看出，迴歸模型的建立可通過對數據本身、圖形特徵實際經驗來確定迴歸變量以及函數形式。

迴歸模型的求解必須包含顯著性檢驗，如 R^2、F 值、p 值等統計量，每個迴歸係數可通過迴歸係數的置信區間是否包含零點來判斷顯著性，若模型的解釋力度不夠，還可以通過對模型添加二次項、交叉項等來改進模型。

MATLAB 求解迴歸模型的功能強大且易於二次開發。

第三節　軟件開發人員的薪金

一、問題提出

一家高技術公司人事部門為研究軟件開發人員的薪金與他們的資歷、管理責任、教育程度等之間的關係，計劃建立一個模型，以便分析公司人事策略的合理性，並作為新聘用人員薪金的參考。他們認為，目前公司人員的薪金總體上是合理的，可以作為建模的依據，於是調查了 46 名軟件開發人員的檔案資料，如表 9-11 所示。其中，「資歷」列指從事專業工作的年數，「管理」列中 1 表示管理人員、0 表示非管理人員，「教育」列中 1 表示中學程度、2 表示大學程度、3 表示更高程度（研究生）。

表 9-11　軟件開發人員的薪金與他們的資歷、管理責任、教育程度之間的關係

編號	薪金（元）	資歷（年）	管理	教育	編號	薪金（元）	資歷（年）	管理	教育
1	13 876	1	1	1	24	22 884	6	1	2
2	11 608	1	0	3	25	16 978	7	1	1
3	18 701	1	1	3	26	14 803	8	0	2
4	11 283	1	0	2	27	17 404	8	0	1
5	11 767	1	0	3	28	22 184	8	1	3
6	20 872	2	1	2	29	13 548	8	0	1
7	11 772	2	0	2	30	14 467	10	0	1
8	10 535	2	0	1	31	15 942	10	0	2
9	12 195	2	0	3	32	23 174	10	1	3
10	12 313	3	0	2	33	23 780	10	1	2

表9-11(續)

編號	薪金(元)	資歷(年)	管理	教育	編號	薪金(元)	資歷(年)	管理	教育
11	14 975	3	1	1	34	25 410	11	1	2
12	21 371	3	1	2	35	14 861	11	0	1
13	19 800	3	1	3	36	16 882	12	0	2
14	11 417	4	0	1	37	24 170	12	1	3
15	20 263	4	1	3	38	15 990	13	0	1
16	13 231	4	0	3	39	26 330	13	1	2
17	12 884	4	0	2	40	17 949	14	0	1
18	13 245	5	0	2	41	25 685	15	1	3
19	13 677	5	0	2	42	27 837	16	1	3
20	15 965	5	1	1	43	18 838	16	0	2
21	12 366	6	0	1	44	17 483	16	0	1
22	21 351	6	1	3	45	19 207	17	0	2
23	13 839	6	0	2	46	19 346	20	0	1

二、模型的建立與求解

1. 模型建立

本問題涉及的變量有：

薪金 y (單位：元)，為被解釋變量。

資歷 x_1 (單位：年)，按照經驗，薪金自然隨著資歷的增長而增加。

是否為管理人員 x_2，$x_2 = \begin{cases} 1, & 管理人員 \\ 0, & 非管理人員 \end{cases}$，管理人員的薪金應高於非管理人員。

一般來說，教育程度越高薪金也越高。在軟件行業並非一定學歷越高薪金越高，並且高低不是線性關係。因此，將教育程度分解成兩個變量：

$x_3 = \begin{cases} 1, & 中學 \\ 0, & 其他 \end{cases}$，$x_4 = \begin{cases} 1, & 大學 \\ 0, & 其他 \end{cases}$

假設：資歷、管理水平、教育程度分別對薪金的影響是線性的，管理責任、教育程度、資歷諸因素之間沒有交互作用。

建立薪金與資歷 x_1，管理責任 x_2，教育程度 x_3，x_4 之間的多元線性迴歸方程為：

$$y = a_0 + a_1 x_1 + a_2 x_2 + a_3 x_3 + a_4 x_4 + \varepsilon$$

其中：a_0，a_1，a_2，a_3，a_4 為迴歸系數，ε 為隨機誤差。

2. 模型求解

利用 MATLAB 迴歸函數求解，現將數據存入 c15.m 中。模型求解代碼 c16.m

167

如下：
```
M=dlmread ('c15.m');
x1=M (:, 3);
x2=M (:, 4);
x3=M (:, 6);
x4=M (:, 7);
y=M (:, 2);
x = [ones (size (x1) ) x1 x2 x3 x4 ];
[b, bi, r, ri, s] =regress (y, x);
b, bi, s
```
運行結果見表 9-12。

表 9-12　　　　　　　　　模型的計算結果

參數	參數估計值	參數置信區間
a_0	11032	[10258, 11807]
a_1	546	[484, 608]
a_2	6883	[6248, 7517]
a_3	−2994	[−3826, −2162]
a_4	148	[−636, 931]
$R^2=0.95669$　$F=226.43$　$p=2.311\times10^{-27}$　$s^2=1.057\times10^6$		

3. 果分析

從表 9-12 可知 $R^2=0.957$，即因變量（薪金）的 95.7%可由模型確定，F 值遠遠超過 F 的檢驗的臨界值，p 遠小於 α，因此模型從整體來看是可用的。例如，利用模型可以估計（或預測）一個大學畢業、有兩年資歷的管理人員的薪金為: $\hat{y}=12\,272$。

模型中各個迴歸係數的含義可初步解釋如下：x_1 的係數為 546，說明資歷每增加 1 年，薪金就增長 546 元; x_2 的係數為 6 883，說明管理人員薪金比非管理人員薪金多 6 883元; x_3 的係數為−2 994，說明中學文化程度的管理人員的薪金比文化程度更高的人員的薪金少 2 994 元; x_4 的係數為 148，說明大學文化程度的管理人員的薪金比文化程度更高的人員的薪金多 148 元。

需要指出，以上解釋是就平均值來說的，而且，一個因素改變引起的因變量的變化量，都是在其他因素不變的條件下成立的。

由於 a_4 的置信區間包含零點，說明這個係數的解釋不可靠，模型存在缺點。為了尋找改進的方向，常使用殘差分析方法。殘差指薪金的實際值 y 與用模型估計的薪金 $\hat{y}$ 之差，是模型中隨機誤差 ε 的估計值，仍使用符號 ε 表示。

我們將影響因素分成資歷與管理—教育組合兩類，管理—教育組合的定義見表9-13。

表 9-13　　　　　　　　　　　管理—教育組合

組合	1	2	3	4	5	6
管理	0	1	0	1	0	1
教育	1	1	2	2	3	3

為了對殘差進行分析，使用 MATLAB 繪製 ε 與 x_1 的關係，ε 與 x_2—x_3, x_4 組合間的關係。代碼 c17.m 如下：

figure（1）
plot（x1, r, '+'）
figure（2）
xx＝M（:, 8）;
plot（xx, r, '+'）

運行結果顯示如下：

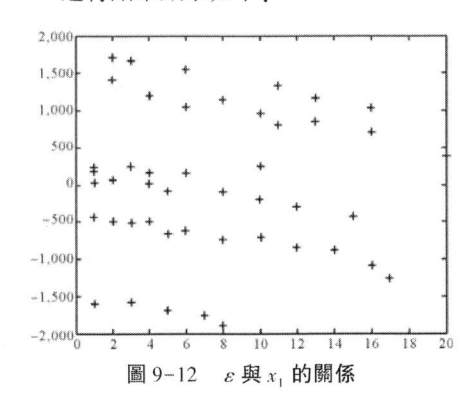

圖 9-12　ε 與 x_1 的關係 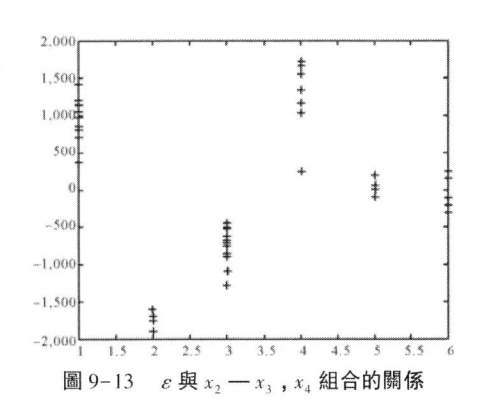　　　　圖 9-13　ε 與 x_2—x_3, x_4 組合的關係

從圖 9-12 中可以看出，殘差大概分成 3 個水平，這是由於 6 種管理—教育組合混合在一起，在模型中未被正確反應的結果；從圖 9-13 中可以看出，對於前 4 個管理—教育組合，殘差或者全為正，或者全為負，也表明管理—教育組合在模型中處理不當。

在模型中管理責任和教育程度是分別起作用的。事實上，兩者可能起著交互作用。以上分析提醒我們，應在模型中增加管理 x_2 與教育 x_3, x_4 的交互項，建立新的迴歸模型。

三、模型改進

1. 模型建立

通過以上分析，我們在上述模型中增加管理 x_2 與教育 x_3, x_4 的交互項，建立新的迴歸模型。模型記作：

$$y = a_0 + a_1 x_1 + a_2 x_2 + a_3 x_3 + a_4 x_4 + a_5 x_2 x_3 + a_6 x_2 x_4 + \varepsilon$$

其中：a_0, a_1, a_2, a_3, a_4, a_5, a_6 為迴歸系數，ε 為隨機誤差。

2. 模型求解

利用 MATLAB 迴歸函數求解，代碼 c18.m 如下：

```
M=dlmread ('c15.m');
x1=M (:, 3); x2=M (:, 4); x3=M (:, 6); x4=M (:, 7);
y=M (:, 2);
x5=x2.*x3; x6=x2.*x4;
x=[ones (size (x1)) x1 x2 x3 x4 x5 x6];
[b, bi, r, ri, s] =regress (y, x);
b, bi, s
```

運行結果見表 9-14。

表 9-14　　　　　　　　　模型計算結果

參數	參數估計值	參數置信區間
a_0	11204	[11044, 11363]
a_1	497	[486, 508]
a_2	7048	[6841, 7255]
a_3	-1727	[-1939, 7255]
a_4	-348	[-545, -152]
a_5	-3071	[-3372, -2769]
a_6	1836	[1571, 2101]

$R^2 = 0.9988$　　F=5545　　$p = 1.5077 \times 10^{-55}$　　$s^2 = 30047$

3. 果分析

由表 9-14 可知，新模型的 R^2 和 F 的值都比原模型有所改進，並且所有迴歸係數的置信區間都不含零點，表明新模型是完全可用的。

與原模型類似，繪製新模型的兩個殘差分析圖（圖 9-14 和圖 9-15），可以看出，已經消除原有圖形的不正常現象，這也說明了新模型的適用性。

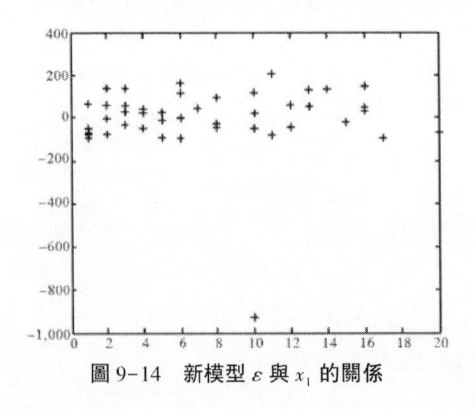

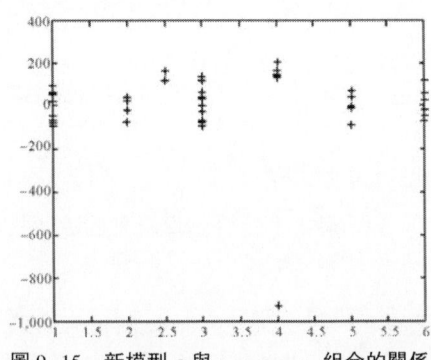

圖 9-14　新模型 ε 與 x_1 的關係　　　　　圖 9-15　新模型 ε 與 $x_2 - x_3$，x_4 組合的關係

從圖 9-14 和圖 9-15 還可以發現一個異常點：個人的實際薪金明顯低於模型的估計值，也明顯低於與個人有類似經歷的其他人的薪金。此類數據在統計學中稱為異常數據，應予剔除。

現在我們使用 MATLAB 殘差分析圖指令 rcoplot 尋找異常數據所在位置，代碼 c17.m 如下：

rcoplot（r，ri）

運行結果見圖 9-16。

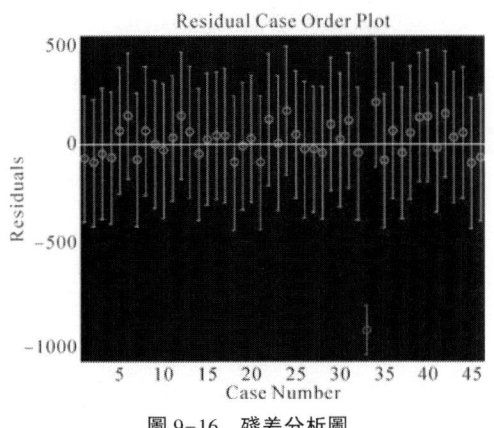

圖 9-16 殘差分析圖

由此可以看出，異常為 33 號數據，剔除此數據，並對模型重新計算，代碼 c19.m。得到的結果見表 9-15。

表 9-15　　　　　　　　　　　模型計算結果

參數	參數估計值	參數置信區間
a_0	11200	［11139，11261］
a_1	498	［494，503］
a_2	7041	［6962，7120］
a_3	-1737	［-1818，-1656］
a_4	-356	［-431，-281］
a_5	-3056	［-3171，-2942］
a_6	1997	［1894，2100］

$R^2 = 0.9998$　　$F = 36701$　　$p = 6.6484 \times 10^{-70}$　　$s^2 = 4347.4$

殘差分析圖見圖 9-17 和圖 9-18。由此可以看出，去掉異常數據后結果又有改善。

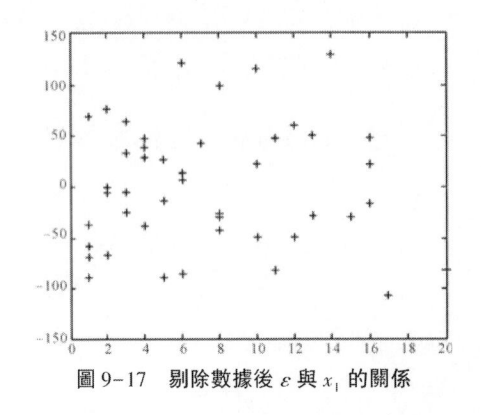

圖 9-17　剔除數據後 ε 與 x_1 的關係 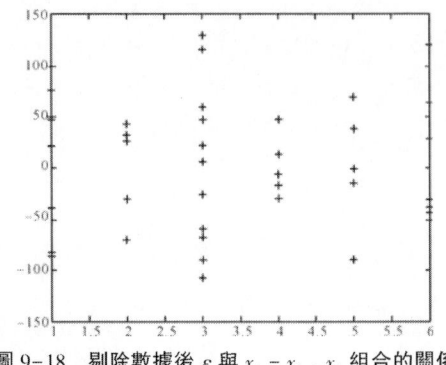　　圖 9-18　剔除數據後 ε 與 $x_2 - x_3$, x_4 組合的關係

去掉異常數據（33 號）后重新進行迴歸分析，得到的結果更加合理。作為這個模型的應用之一，不妨用它來「制定」6 種管理—教育組合人員的「基礎」薪金（即資歷為零的薪金，當然這也是平均意義上的）。新模型表達式及系數估計值見表 9-16。

表 9-16　　　　　　6 種管理—教育組合人員的「基礎」薪金

組合	管理	教育	係數	「基礎」薪金（元）
1	0	1	$a_0 + a_3$	9 463
2	1	1	$a_0 + a_2 + a_3 + a_5$	13 448
3	0	2	$a_0 + a_4$	10 844
4	1	2	$a_0 + a_2 + a_4 + a_6$	19 882
5	0	3	a_0	11 200
6	1	3	$a_0 + a_2$	18 241

從表 9-16 可以看出，大學文化程度的管理人員的薪金比研究生文化程度的管理人員的薪金高，而大學文化程度的非管理人員的薪金比研究生文化程度的管理人員的薪金高，而大學文化程度的非管理人員的薪金比研究生文化程度的非管理人員的薪金略低。當然，這是根據這家公司實際數據建立的模型得到的結果，並不具有普遍性。

四、評註

從以上分析中可以看出：

定性變量，如管理、教育，在迴歸分析中可以引入 0~1 變量來處理，0~1 變量的個數可比定性因素的水平少 1（如教育程度有 3 個水平，需引入 2 個 0~1 變量）。

殘差分析方法可以發現許多信息，比如發現模型的缺陷，引入交互作用項使模型更加完善和具有可行性。

異常數據處理，存在異常數據時，應予以剔除，有助於結果的合理性。

第四節　酶促反應

一、問題的提出

　　酶，是指具有生物催化功能的高分子物質。在酶的催化反應體系中，反應物分子被稱為底物，底物通過酶的催化轉化為另一種分子。幾乎所有的細胞活動進程都需要酶的參與，以提高效率。與其他非生物催化劑相似，酶通過降低化學反應的活化能來加快反應速率，大多數酶可以將其催化的反應之速率提高上百萬倍。酶作為催化劑，本身在反應過程中不被消耗，也不影響反應的化學平衡。

　　某生物化學系學生為了研究嘌呤霉素在某項酶促反應中對反應速度和底物濃度之間的關係的影響，設計了兩個實驗：一個實驗中使用的酶是經過嘌呤霉素處理的，另一個實驗中使用的酶是未經過嘌呤霉素處理的。所得實驗數據見表 9-17。

表 9-17　　　　　　嘌呤霉素實驗反應速度與底物濃度數據

底物濃度（ppm）		0.02		0.06		0.11		0.22		0.56		1.10	
反應速度	處理	76	47	97	107	123	139	159	152	191	201	207	200
	未處理	67	51	84	86	98	115	131	124	144	158	160	——

　　試建立數學模型，反應該酶促反應的速度與底物濃度以及經嘌呤霉素處理與否之間的關係。

二、模型建立

　　酶催化的反應成為酶促反應，研究酶促反應的學科稱為酶促反應動力學，簡稱酶動力學。它主要研究酶促反應的速度和底物濃度以及與其他因素的關係。

　　根據酶動力學，酶促反應有兩個基本性質：底物濃度較小時，反應速度大致與濃度成正比（一級反應）；底物濃度很大、漸進飽和時，反應速度趨於固定值（零級反應）。

　　利用 MATLAB 繪製實驗數據圖形，數據保存在 c20.m 中。繪圖代碼 c21.m 如下：

```
c20;
figure (1)
plot (x1, y1, 'or', x2, y2, '*')
figure (2)
x = 0: 0.01: 1.2;
y = 195.8027 * x. / (0.04841+x);
plot (x, y)
```

圖形顯示為圖 9-19、圖 9-20。

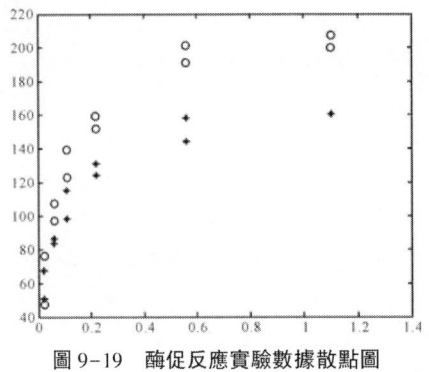

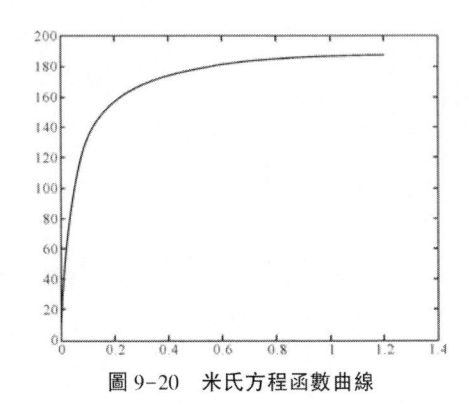

圖 9-19　酶促反應實驗數據散點圖　　　　　　圖 9-20　米氏方程函數曲線

圖 9-19 中『o』點為經過嘌呤霉素處理的實驗數據、『*』點為未經嘌呤霉素處理的實驗數據。從圖中可以看出經過嘌呤霉素處理后，酶的反應速度明顯增加，酶促反應的兩個基本性質「一級反應、零級反應」亦非常明顯。反應這兩個性質的函數模型有很多，基本模型為米氏方程（Michaelis-Menten equation）。

$$y = f(x, \beta) = \frac{\beta_1 x}{\beta_2 + x}$$

其中：x 為底物濃度（ppm），y 為酶促反應速度（ppm/h），$\beta = (\beta_1, \beta_2)$ 為參數。函數曲線見圖 9-20，可以看出米氏方程很好地反應了酶促反應速度的變化規律。

三、模型求解

由於線性迴歸模型具有較好的理論支持，所以首先採用線性化模型。

1. 性化模型

Michaelis-Menten 方程的參數為非線性方程，通過變換可化為線性模型：

$$\frac{1}{y} = \frac{1}{\beta_1} + \frac{\beta_2}{\beta_1}\frac{1}{x} = \theta_1 + \theta_2 \frac{1}{x}$$

於是，因變量 $\frac{1}{y}$ 對新參數 $\theta = (\theta_1, \theta_2)$ 是線性的。

利用 MATLAB 線性迴歸函數求解參數，對經過嘌呤霉素處理的實驗數據求解，代碼 c22.m 如下：

```
C20;
x=[ones(size(x20)), 1./x1];
y=1./y1;
[b, bint, r, rint, stats]=regress(y, x)
b1=1/b(1), b2=b(2)/b(1)
```

部分運行結果如下：

```
stats =
      0.8557    59.2975    0.0000    0.0000
```

b1 =
   195.8027
b2 =
   0.0484

擬合優度檢驗值 stats 為：$R^2 = 0.8557$，$F = 59.2975$，$p = 0.0000$。由此可以看出：線性擬合程度高。得到的方程為：

$$y = f(x, \beta) = \frac{195.8027x}{0.0484 + x}$$

利用 MATLAB 繪製擬合方程與實驗數據圖形，代碼 c23.m 如下：

```
C20;
x13=0: 0.01: 1.2;
y13=195.8027*x13./(0.04841+x13);
plot (x1, y1, 'o', x13, y13, 'b')
```

圖形顯示為圖 9-21。

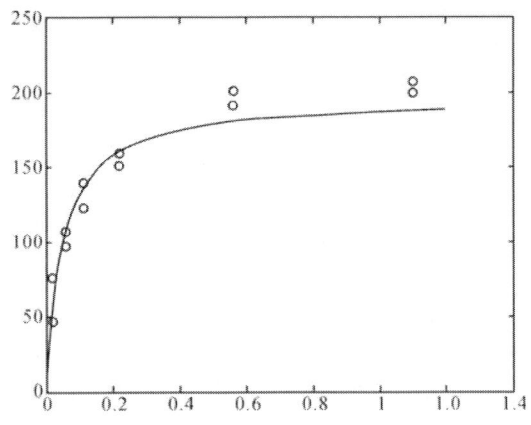

圖 9-21　擬合方程與實驗數據圖形（線性化模型）

從圖 9-21 中可以看出，x 較大時，y 有較大偏差。這說明線性化對參數估計的準確性有影響。但其結果仍具有價值，可作為非線性迴歸的初值。

另外，對未經過嘌呤霉素處理的實驗數據求解，得到參數的初值為：143.4281、0.0308。

2. 非　性模型

同時，也可以使用非線性迴歸方法直接對參數進行估計。

使用 MATLAB 非線性迴歸函數求解參數，分別對經過、未經過嘌呤霉素處理的實驗數據求解，代碼 c24.m 如下：

```
C20;
beta0= [195.8027  0.04841];
[beta, R, J] =nlinfit (x1, y1, 'f1', beta0)
```

betaci=nlparci（beta, R, J）;
beta, betaci
beta0 = ［143.4281 0.0308］;
［beta, R, J］=nlinfit（x2, y2, 'f1', beta0）
betaci=nlparci（beta, R, J）;
beta, betaci

其中：模型表達式的代碼 f1.m 如下：
function y=f1（beta, x）
y=beta（1）*x./（beta（2）+x）;
部分運行結果為：
beta =
   212.6837   0.0641
betaci =
   197.2045   228.1629
    0.0457   0.0826
beta =
   160.2800   0.0477
betaci =
   145.6207   174.9393
    0.0301   0.0653

利用 MATLAB 繪製擬合方程與實驗數據圖形，代碼 c25.m 如下：
C20;
x=0: 0.01: 1.2;
y3=212.6837*x./（0.0641+x）;
y4=160.2800*x./（0.0477+x）;
plot（x1, y1, '*', x2, y2, 'bo', x, y3, 'b', x, y4, 'b'）
圖形顯示為圖 9-22。

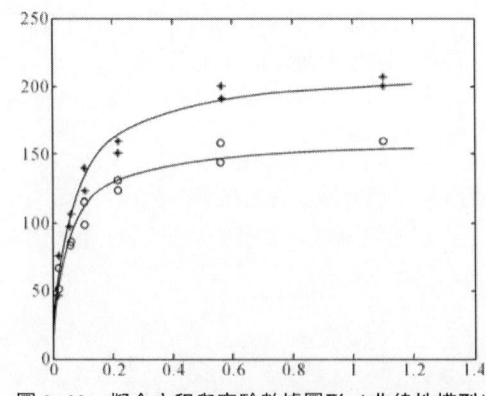

圖 9-22 擬合方程與實驗數據圖形（非線性模型）

從圖 9-22 中可以看出，擬合效果已經達到要求。可以得到結論，此次實驗酶促反應速度的方程為：

$$y = f(x, \beta) = \frac{212.6837x}{0.0641 + x}$$

於是可以得到，最終反應速度為 $\hat{\beta}_1$ = 212.683 7，反應的「半速度點」（達到最終反應速度一半時的底物濃度）為 $\hat{\beta}_2$ = 0.064 1。

3. 混合反應模型

為了在同一模型中考察嘌呤霉素處理的影響，採用對參數附加增量的方法對原模型進行改進，考察混合反應模型：

$$y = f(x, \beta) = \frac{(\beta_1 + \gamma_1 t)x}{(\beta_2 + \gamma_2 t) + x}$$

其中，β_1 表示未經處理的最終反應速度，β_2 表示未經處理的反應的半速度點，γ_1 表示經處理后最終反應速度增長值，γ_2 表示經處理后反應的半速度點增長值，x 表示底物濃度，y 表示反應速度，t 為示性變量，取 1 表示經過處理，取 0 表示未經處理。

使用 MATLAB 非線性迴歸函數求解，代碼 c26.m 如下：

```
C20；
x = [x1ones（size（x1））
     x2 zeros（size（x2））];
y = [y1；y2];
beta0 = [160.2829  52.4 0.0477  0.01]';
[beta, R, J] = nlinfit（x, y, 'f2', beta0）;
betaci = nlparci（beta, R, J）;
beta, betaci
```

其中：模型表達式的代碼 f2.m 如下：

```
function  y = f2（beta, x）
y = (beta（1）+beta（2）.* x（:, 2））.* x（:, 1）./（beta（3）+beta（4）.* x（:, 2）+x（:, 1））;
```

部分運行結果為：

```
beta =
    160.2801
     52.4036
      0.0477
      0.0164
betaci =
    145.8465    174.7137
     32.4131     72.3941
      0.0304      0.0650
```

177

−0.0075　　0.0403

由於參數 γ_2 的區間估計包含零點，表明參數 γ_2 對被解釋變量的影響不明顯，這一結果與酶動力學的相關理論一致，即：嘌呤黴素的作用不影響半速度參數。於是，模型簡化為：

$$y = f(x, \beta) = \frac{(\beta_1 + \gamma_1 t)x}{\beta_2 + x}$$

類似地，使用 MATLAB 非線性迴歸函數求解，代碼 c27.m 如下：

```
C20;
x = [x1ones (size (x1))
x2 zeros (size (x2))];
y = [y1; y2];
beta0 = [160.2829  52.4  0.0477]';
[beta, R, J] = nlinfit (x, y, 'f3', beta0);
betaci = nlparci (beta, R, J);
beta, betaci
```

其中：模型表達式的代碼 f3.m 如下：

```
function y = f3 (beta, x)
y = (beta (1) +beta (2).*x (:, 2)).*x (:, 1)./(beta (3) +x (:, 1));
```

部分運行結果為：

```
beta =
   166.6041
    42.0260
     0.0580
betaci =
   154.4900   178.7181
    28.9425    55.1094
     0.0456     0.0703
```

參數置信區間不含零點，故可以使用，此次實驗酶促反應速度的方程為：

$$y = \frac{(166.6041 + 42.0260t)x}{0.0580 + x}$$

四、評註

通過樣本數據討論變量之間的關係時，可以研究相關理論，通過機理分析函數關係式。求解非線性迴歸模型時，可以先轉化為求解線性模型，發現問題，並可得到參數初值。在一些特殊討論中，比如判斷嘌呤黴素處理對反應速度與底物濃度關係的影響時，可以引入 0-1 變量，形成混合模型。

在模型求解時，檢查參數置信區間是否包含 0 點是參數顯著性檢驗的方法。

非線性模型擬合優度檢驗的方法無法直接利用線性模型的方法，但 R^2 與剩餘方差

s^2 仍然可以作為非線性模型擬合優度的度量指標。

習題九

1. 在北京奧運場館某次比賽中搜集到的觀眾的調查數據為 data.m：矩陣 A。各列數據的意義如下：

性別（男性為 1、女性為 2）、年齡（20 歲以下為 1、20～30 歲為 2、30～50 歲為 3、50 歲以上為 4）、坐公交車出行（南北方向）、坐公交車出行（東西方向）、坐出租車出行、開私家車出行、坐地鐵出行（東向）、坐地鐵出行（西向）、中餐館午餐、西餐館午餐、商場內餐飲午餐、非餐飲消費額。

求：

（1）男性、女性各為多少人？

（2）非餐飲消費額：最高、最低、平均、標準差。

（3）4 個年齡組中每個年齡組的非餐飲消費額的平均值各為多少？

（4）男性、女性開私家車出行各為多少人？

2. 某地區 12 個氣象觀測站近 8 年來各觀測站測得的周降水量為 data.m：矩陣 B——行為周數據、列為 12 個觀測站數據。

求：

（1）哪一年第幾周哪個氣象站的降水量最大、最小？

（2）哪個氣象站的數據用其他氣象觀測站數據得到的效果最好？若將此氣象站撤銷，這個氣象站數據如何通過其他氣象觀測站數據得到？

3. 測定某塑料大棚內空氣最高溫度 y ℃ 與棚外空氣最高溫度 x ℃，結果見表 9-18。

表 9-18　　　　某塑料大棚內外最高溫度數據表

x℃	3.4	7.2	16.9	11.8	18.5	17.0	19.3	20.4	22.3	24.1	25.4	27.2
y℃	4.5	13.8	25.7	23.0	30.1	25.8	31.7	32.5	34.2	35.3	36.1	36.8

試進行曲線擬合，並求當棚外空氣最高溫度達到 0℃、30℃ 時的大棚內空氣的最高溫度。

第十章　圖論模型

　　圖是用於描述現實世界中離散客體之間關係的有用工具。自從 1736 年歐拉（L. Euler）利用圖論的思想解決了哥尼斯堡（Konigsberg）七橋問題以來，圖論經歷了漫長的發展道路。在很長一段時期內，圖論被當成數學家的智力游戲，被用來解決一些著名的難題。如迷宮問題、匿門博弈問題、棋盤上馬的路線問題、四色問題和哈密頓環球旅行問題等，曾經吸引了眾多的學者。圖論中許多的概論和定理的建立都與解決這些問題有關。圖論算法在計算機科學中扮演著很重要的角色，從計算機的設計、系統之間信息的傳輸、軟件的設計、信息結構的分析研究、信息的儲存和檢索等，都要在一定程度上用到圖。圖論已成為數學的一個重要分支。

第一節　圖的一般理論

一、圖的概念

1. 引例：哥尼斯堡七

　　哥尼斯堡 18 世紀屬東普魯士，位於普雷格爾河畔，河中有兩個島，通過七座橋彼此相連（見圖 10-1）。

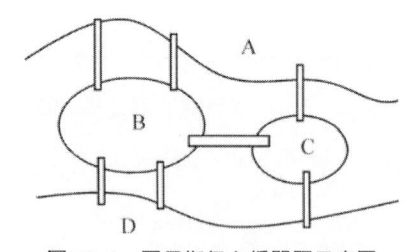

圖 10-1　哥尼斯堡七橋問題示意圖

　　問題：是否存在從某點出發通過每座橋且每座橋只通過一次回到起點的路線？
　　1736 年 29 歲的歐拉仔細研究了這個問題，將上述四塊陸地與七座橋的關係用一個抽象圖形來描述（見圖 10-2），其中陸地用點表示、陸地之間的橋樑連接用兩點間的弧邊表示。於是問題就變成：從圖中任一點出發，通過每條邊一次而返回原點的回路是否存在？

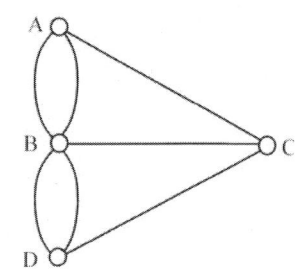

圖 10-2　哥尼斯堡七橋問題抽象圖

歐拉向聖彼得堡科學院遞交了名為《哥尼斯堡的七座橋》的論文，在解答問題的同時，開創了數學的一個新的分支——圖論與幾何拓撲。

2. 的基本概念

圖 G 由兩個集合 V、E 組成，其中 $V = \{v_1, v_2, \cdots, v_n\}$ 是一個非空有限集合，稱為點集，$E = \{e_1, e_2, \cdots, e_m\}$ 是由集合 V 中元素組成的序偶的集合，稱為邊集，即：$e_k = v_i v_j$ ($v_i, v_j \in V$)，記 $G = \langle V, E \rangle$。

當邊 $e_k = v_i v_j$ 時，稱 v_i, v_j 為邊 e_k 的端點，稱 v_j 與鄰接，稱邊 e_k 與頂點 v_i, v_j 關聯。與頂點 v_i 關聯的邊的個數稱為頂點 v_i 的度數，簡稱度。

若減少圖 $G = \langle V, E \rangle$ 中的點和邊得到的集合 V'、E' 仍構成圖 $G' = \langle V', E' \rangle$，則稱 G' 為 G 的子圖。

圖可以用圖形來表示，頂點也稱結點，或簡稱點，在圖形中用一圓點表示。邊在圖形中用線段或曲線段表示，因此也可稱為弧。有時我們為了敘述方便，不區分圖與其圖形兩個概念。

例 10.1　將圖 10-3 顯示的圖形用圖的定義方法表示。

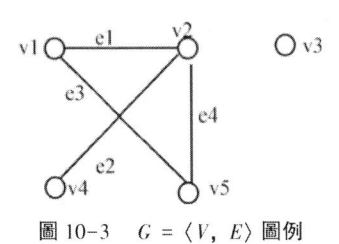

圖 10-3　$G = \langle V, E \rangle$ 圖例

解　圖形（見圖 10-3）用圖的方法表示，則為：
$G = \langle V, E \rangle$

其中：$V = \{v_1, v_2, v_3, v_4, v_5\}$，$E = \{e_1, e_2, e_3, e_4\} = \{v_1 v_2, v_2 v_4, v_1 v_5, v_2 v_5\}$

須注意，一個圖的圖形表示法可能不是唯一的。表示結點的圓點和表示邊的線，它們的相對位置是沒有實際意義的。因此，對於同一個圖，可能畫出很多表面不一致的圖形來。例如，此例 $G = \langle V, E \rangle$ 的圖形（見圖 10-3）還可以用圖 10-4 來表示。

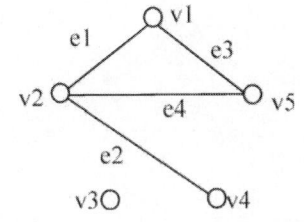

圖 10-4　$G = \langle V, E \rangle$ 的另一種圖形

將此概念推廣，很多表面上看來似乎不同的圖卻可以用極為相似圖形來表示，這些圖之間的差別僅在於結點和邊的名稱的差異。從鄰接關係的意義上看，它們本質上都是一樣的，可以把它們看成同一個圖的不同表現形式，我們稱這兩個圖同構。

二、圖的矩陣表示

圖形表示是圖的一種表示方法，它的優點是形象直觀。但有時為了便於代數研究，特別是通過計算機研究圖時，人們也常用矩陣來表示圖，通常使用兩種矩陣：鄰接矩陣、關聯矩陣。

端點重合為一點的邊稱為自回路。一個圖如果沒有自回路、兩點間最多一條邊，就稱此圖為簡單圖。簡單圖的鄰接矩陣、關聯矩陣如下：

鄰接矩陣：$A = (a_{ij})_n$

$$a_{ij} = \begin{cases} 1, & (v_i, v_j) \in E \\ 0, & (v_i, v_j) \notin E \end{cases}$$

關聯矩陣：$R = (r_{ij})_{n \times m}$

$$r_{ij} = \begin{cases} 1, & i \text{ 點為 } j \text{ 邊端點} \\ 0, & \text{否則} \end{cases}$$

例 10.1 中圖 10-3 的鄰接矩陣、關聯矩陣為：

$$A = \begin{pmatrix} 0 & 1 & 0 & 0 & 1 \\ 1 & 0 & 0 & 1 & 1 \\ 0 & 0 & 0 & 0 & 0 \\ 0 & 1 & 0 & 0 & 0 \\ 1 & 1 & 0 & 0 & 0 \end{pmatrix}$$

$$R = \begin{pmatrix} 1 & 0 & 1 & 0 \\ 1 & 1 & 0 & 1 \\ 0 & 0 & 0 & 0 \\ 0 & 1 & 0 & 0 \\ 0 & 0 & 1 & 1 \end{pmatrix}$$

三、圖的連通性

在圖 $G = \langle V, E \rangle$ 中，沿點和邊連續地移動而到達另一確定的點的連接方式稱為通

路，簡稱路。若圖 G 中點 u 和 v 之間存在一條路，則稱 u 和 v 在 G 中是連通的。若圖 G 中任何兩點都是連通的，則稱圖 G 為連通圖。

設 A 是圖 $G = \langle V, E \rangle$ 的鄰接矩陣。記

$$B = A^2 = (b_{ij})_n$$

由矩陣的乘法得：

$$b_{ij} = \sum_{k=1}^{n} a_{ik} a_{kj}$$

其中：a_{ik}，a_{kj} 代表點 v_i 與 v_k、點 v_k 與 v_j 是否有邊。

$a_{ik}a_{kj} = 1$ 當且僅當 $a_{ik} = a_{kj} = 1$，從而 $a_{ik}a_{kj} = 1$ 當且僅當存在一條對應的長度為 2 的有向道路 $P = v_i v_k v_j$。於是 b_{ij} 之值表示了從 v_i 到 v_j 的長度為 2 的通路的個數。即 A^2 代表兩點間長度為 2 的通路個數的矩陣。

同理可得：A^3 代表兩點間長度為 2 的通路個數的矩陣，等等。

兩點若是聯通的，則這兩點之間至少存在一條通路，將此條通路中的回路去掉仍為此兩點的通路，而不含回路的通路長度最長為 $n - 1$，因此，兩點若是聯通的，則這兩點之間至少存在一條小於或等於 $n - 1$ 的通路。

記：$C^{(k)} = A + A^2 + \cdots A^k = (c_{ij}^{(k)})_n$，$k \geq 1$，則 $C^{(k)}$ 代表兩點間長度小於或等於 k 的通路個數的矩陣。於是，從矩陣 C_{n-1} 中便可看出一個圖是不是聯通的，記錄這種連通性的矩陣稱為可達性矩陣：$P = (p_{ij})_n$，

$$p_{ij} = \begin{cases} 1, & c_{ij}^{(k)} \geq 1 \\ 0, & c_{ij}^{(k)} = 0 \end{cases}$$

例 10.1 中圖 10-3 的可達性矩陣使用 MATLAB 計算，代碼 c01.m 如下：

```
A＝［ 0 1 0 0 1
      1 0 0 1 1
      0 0 0 0 0
      0 1 0 0 0
      1 1 0 0 0］
P＝（A+A^2+A^3+A^4）>0
```

運行結果如下：

P =

1	1	0	1	1
1	1	0	1	1
0	0	0	0	0
1	1	0	1	1
1	1	0	1	1

即：圖 10-3 不是連通圖。

四、圖論算法

圖論是一個十分有趣而且與相關學科競賽聯繫緊密的數學分支，圖論中有許多著

名的算法。隨著圖論問題的日漸增多，一些經典圖論模型與它們的相關算法已成為競賽中不可或缺的知識。與此同時，題目也越來越注重模型的轉換與算法的優化。

著名的圖論問題及算法：

1. 最短路問題（Shortest Path Problem）

出租車司機要從城市甲地到乙地，在縱橫交錯的路中如何選擇一條最短的路線？

算法：Dijkstra 算法、Floyd 算法

2. 最小生成樹問題（Minimum-weight Spanning Tree Problem）

為了給小山村的居民送電，每戶立了一根電杆，怎樣連接可使連線最短？

算法：Prim 算法、Kruskal 算法

3. 中國郵遞員問題（Chinese Postman Problem）

一名郵遞員負責投遞某個街區的郵件。如何為他設計一條最短的投遞路線？

算法：Fleury 算法

4. 二分圖的最優匹配問題（Optimum Matching）

在賦權二分圖中找一個權最大（最小）的匹配。

算法：匈牙利算法

5. 旅行推銷員問題（Traveling Salesman Problem，TSP）

一名推銷員準備前往若干城市推銷產品。如何為他設計一條最短的旅行路線？

算法：改良圈算法

6. 網路流問題（Network Flow Problem）

如何在一個有發點和收點的網路中確定具有最大容量的流。

算法：Ford-Fulkerson 算法

在全國大學生數學建模競賽中，曾多次出現圖論問題。例如，1998 年 B 題「災情巡視路線」，2007 年 B 題「公交線路」，2011 年 B 題「交巡警調度」，等等。

第二節　最小路徑問題及 MATLAB 實現

一、問題的提出

最短路徑問題是圖論研究中的一個經典算法問題，它是許多更深層算法的基礎。該問題有著大量的生產實際的背景，不少問題從表面上看與最短路問題沒有什麼關係，卻也可以歸結為最短路問題。

例 10.2　賦權圖 G 如圖 10-5 所示。

每條邊上的數字為這條邊的圈。

求：

（1）從點 v1 到其餘結點的最短路，即權和最小的通路。

（2）所有點間的最短路。

圖 10-5　賦權圖 G

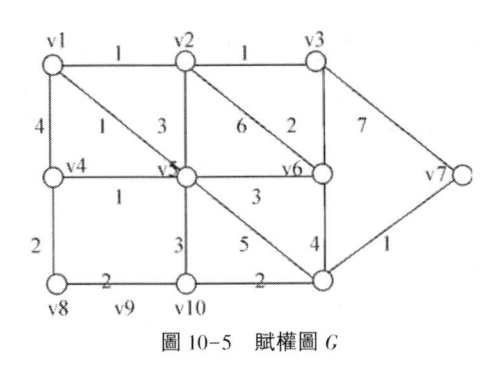

二、Dijkstra 算法

求一點到其餘點的最短路問題稱為單源最短路徑問題，Dijkstra 算法是求解單源最短路徑問題的著名算法。

1. 算法

Dijkstra 算法的基本思想為：以起始點為中心，向外層擴展，按路徑長度遞增順序求最短路徑。即把圖中頂點集合 V 分成兩組：已查明 S 已求得最短路的頂點集、未查明 $V-S$ 未確定最短路的頂點集，初始時 S 中只有一個源點，每一步求源點通過 S 中點到 $V-S$ 點之間最短路徑，並將路徑終點從 $V-S$ 移到 S，直至達到所有點。

賦權圖 G 的權用賦權鄰接矩陣表示為：$w=(w_{ij})_n$。在求最短路時，為避免重複需保留每一步的計算信息，需要記錄信息的有兩個：一個是已計算的最短路長，記為 $d=(d_i)_{1\times n}$；另一個為最短路徑，記錄最短路徑的終點的前一點即可，記為 $p=(p_i)_{1\times n}$。

算法步驟如下：

Step1 賦權矩陣 w，已查明 $S=\{v_0\}$，未查明 $V-S$，最短路長 d 全為 0，最短路徑前點均為 v_0，設置考察點 $u=v_0$；

Step2 更新 d,p：若 $d_i > d_u + w_{ui}$，則 $d_i = d_u + w_{ui}$，$p_i = u$；

Step3 尋找 v：設 $V-S$ 中使 d_i 最小的點為 v，則 $S \to S \cup \{v\}$，$u=v$；

Step4 若 $V-S \neq \varphi$，重複 Step2，否則，結束。

在手工實施算法時，可採用標號法記錄每一步的計算信息。

解　例 10.2（1）

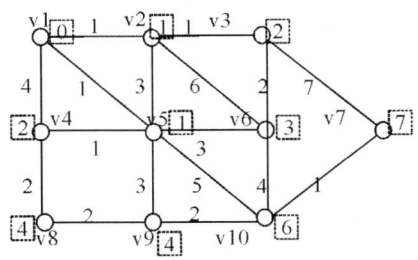

使用 Dijkstra 算法記錄的結果見圖 10-6。

圖 10-6　Dijkstra 算法記錄的結果圖

圖 10-6 中，顯示從點 v1 到其餘結點的最短路，加寬線代表最短路徑，虛線框內部記錄的是最短路徑路長。

2. MATLAB 程序

建立 MATLAB 函數文件，編寫代碼實現 Dijkstra 算法，代碼 dijkstra.m 如下：

```
function [distance, path, pathway] = dijkstra (v0, w)
n = size (w, 1);
s = v0;
distance = w (v0,:);
path = v0 * ones (1, n);
u = s (1);
for j = 1: (n-1)
v_s = 1: n; v_s (s) = [];
for i = v_s
if distance (i) > distance (u) +w (u, i)
distance (i) = distance (u) +w (u, i);
path (i) = u;
end
end
    d = distance;
    d (s) = inf;
    [dmin, v] = min (d);
s (j+1) = v;
    u = v;
end
```

函數文件的輸入參數為：源點序號 v0、帶權鄰接矩陣 w。

輸出參數為：最短路徑的長度 distance、前一點 path、最短路徑 pathway。

由於得到最短路徑的前一點 path 仍需考察才能得到最短路徑，於是編寫了一段代碼加入函數中，輸出最短路徑 pathway。代碼如下：

```
pathway = zeros (n);
pathway (1: n, 1: 2) = [v0 * ones (n, 1), (1: n) '];
for i = 1: n
    q = i;
while path (q) ~ = v0
        pathway (i, 2: n) = [path (q), pathway (i, 2: (n-1))];
        q = path (q);
end
end
```

```
for j=n: -1: 1
if pathway (:, j) ==0
pathway (:, j) = [];
end
end
```

解 例 10.2（2）

使用 MATLAB，調用函數 Dijkstra 並編程求解。代碼 c02.m 如下：

```
w = [0 1 inf 4 1 inf inf inf inf
     1 0 1 inf 3 6 inf inf inf inf
 inf 1 0 inf inf 2 7 inf inf inf
     4 inf inf 0 1 inf inf 2 inf inf
     1 3 inf 1 0 3 inf inf 3 5
 inf 6 2 inf 3 0 inf inf inf 4
 inf inf 7 inf inf inf 0 inf inf 1
 inf inf inf 2 inf inf inf 0 2 inf
 inf inf inf inf 3 inf inf 2 0 2
 inf inf inf inf 5 4 1 inf 2 0];
v0 = 1;
[d, p] = dijkstra (v0, w)
```

運行結果如下：

distance =

| 0 | 1 | 2 | 2 | 1 | 4 | 7 | 4 | 4 | 6 |

path =

| 1 | 1 | 2 | 5 | 1 | 5 | 10 | 4 | 5 | 5 |

pathway =

1	1	0	0
1	2	0	0
1	2	3	0
1	5	4	0
1	5	0	0
1	5	6	0
1	5	10	7
1	5	4	8
1	5	9	0
1	5	10	0

註：MATLAB2016 包含圖論工具箱，最短路的函數使用格式為：

[path, d] = shortestpath (G, s, t, 'Method', algorithm)

三、Floyd 算法

求任意兩點的最短路問題的解法有兩種：一種是分別以圖中的每個頂點為源點共調用 n 次 Dijkstra 算法，這種算法的時間複雜度為 $O(n^3)$；另一種是 Floyed 算法，這種算法的思路簡單，時間複雜度仍然為 $O(n^3)$。下面介紹 Floyed 算法。

1. 算法

Floyd 算法的思想：從帶權鄰接矩陣出發 $D^{(0)} = w$，構造出一個矩陣序列 $D^{(1)}$，$D^{(2)}$,..., $D^{(n)}$，其中 $d_{ij}^{(k)} \in D^{(k)}$ 表示從點 v_i 到點 v_j 的路徑上所經過的點序號不大於 k 的最短路徑長度，計算時以矩陣 $D^{(k-1)}$ 為基礎通過插入 v_k 更新最短路得到矩陣 $D^{(k)}$，最后得到 $D^{(n)}$ 即為各點間的最短路長。

更新最短路的迭代公式為：

$D^{(k)} = (d_{ij}^{(k)})_n$：$d_{ij}^{(k)} = \min\{d_{ij}^{(k-1)}, d_{ik}^{(k-1)} + d_{kj}^{(n-1)}\}$

其中：$k = 1, 2, \cdots, n$ 為迭代次數。當 $k = n$ 時，$D^{(n)}$ 即為各點間的最短路長。

除此之外，還需記錄最短路徑，記錄最短路徑起點的后一點即可，記為 $p = (p_i)_{1 \times n}$。每次迭代進行更新。

2. MATLAB 程序

建立 MATLAB 函數文件，編寫代碼實現 Floyd 算法。代碼 floyd.m 如下：

```
function [D, path] = floyd (w)
n = size (w, 1);
D = w;
path = zeros (n);
for i = 1: n
for j = 1: n
if D (i, j) ~= inf
path (i, j) = j;
end
end
end
for k = 1: n
for i = 1: n
for j = 1: n
if D (i, k) + D (k, j) < D (i, j)
D (i, j) = D (i, k) + D (k, j);
path (i, j) = path (i, k);
end
end
```

end

end

函數文件 floyd.m 的輸入參數為:帶權鄰接矩陣 w。

輸出參數為:最短路徑的長度矩陣 D、后一點 path。

由於得到最短路徑的后一點 path 仍需考察才能得到最短路徑,於是編寫了一個相伴函數文件,輸入 v1 和 v2 兩點,輸出此兩點最短路徑 pathway。代碼 road.m 如下:

```
function pathway = road (path, v1, v2)
pathway = v1; q = v1; k = 1;
while path (q, v2) ~ = v2
    k = k+1;
pathway (k) = path (q, v2);
    q = path (q, v2);
end
pathway (k+1) = v2;
```

解 例 10.2 (2)

使用 MATLAB,調用函數 floyd、road 並編程求解。代碼 c03.m 如下:

```
w = [0 1 inf 4 1 inf inf inf inf
    1 0 1inf 3 6 inf inf inf inf
inf 1 0 inf inf 2 7 inf inf inf
    4inf inf 0 1 inf inf 2 inf inf
    1 3inf 1 0 3 inf inf 3 5
inf 6 2 inf 3 0 inf inf inf 4
inf inf 7 inf inf inf 0 inf inf 1
inf inf inf 2 inf inf inf 0 2 inf
inf inf inf inf 3 inf inf 2 0 2
inf inf inf inf 5 4 1 inf 2 0];
[d, path] = floyd (w)
%road (path, 4, 2)
for i = 1: size (w, 1)
for j = 1: size (w, 1)
        q = road (path, i, j);
r (j, 1: length (q), i) = q;
end
end
r
```

運行結果(部分)如下:

d =

0	1	2	2	1	4	7	4	4	6
1	0	1	3	2	3	8	5	5	7
2	1	0	4	3	2	7	6	6	6
2	3	4	0	1	4	7	2	4	6
1	2	3	1	0	3	6	3	3	5
4	3	2	4	3	0	5	6	6	4
7	8	7	7	6	5	0	5	3	1
4	5	6	2	3	6	5	0	2	4
4	5	6	4	3	6	3	2	0	2
6	7	6	6	5	4	1	4	2	0

path =

1	2	2	5	5	2	5	5	5	5
1	2	3	1	1	3	3	1	1	1
2	2	3	2	2	6	7	2	2	6
5	5	5	4	5	5	5	8	5	5
1	1	1	4	5	6	10	4	9	10
3	3	3	5	5	6	10	5	5	10
10	3	3	10	10	10	7	10	10	10
4	4	4	4	4	4	9	8	9	9
5	5	5	5	5	5	10	8	9	10
5	5	6	5	5	6	7	9	9	10

r (:,:, 1) =

1	1	0	0	0	0
1	2	0	0	0	0
1	2	3	0	0	0
1	5	4	0	0	0
1	5	0	0	0	0
1	2	3	6	0	0
1	5	10	7	0	0
1	5	4	8	0	0
1	5	9	0	0	0
1	5	10	0	0	0

....

r (:,:, 10) =

10	5	1	0	0	0
10	5	1	2	0	0
10	6	3	0	0	0

10	5	4	0	0	0
10	5	0	0	0	0
10	6	0	0	0	0
10	7	0	0	0	0
10	9	8	0	0	0
10	9	0	0	0	0
10	10	0	0	0	0

在此次求解中使用了三層矩陣來記錄以任意一點為起點的最短路徑，顯然這種表達方式非常清晰。

第三節　最優支撐樹問題及 MATLAB 實現

樹是在實際問題中，尤其是計算機科學中被廣泛使用的一類圖。樹具有簡單的形式和優良的性質，可以從各個不同角度去描述它。

一、樹

1. 的概念

無回路的連通圖稱為樹。

樹中度數為 1 的結點稱為葉，樹中度數大於 1 的結點稱為枝。有向樹只有一個結點是邊的起點不是邊的終點。

無回路的圖稱為森林。森林的每個分支都是樹。

定理　設 n，m 分別為樹 T 的點數、邊數，則 $m = n - 1$。

證明　使用數學歸納法證明：

當 $n = 2$ 時，顯然邊數 $m = 1$，原命題成立。

假設 $n = k(\geq 2)$ 時，原命題成立。

當 $n = k + 1$ 時，由於 T 連通且無回路。它必有一結點 v 度為 1，設 e 是 T 的一條邊，設 $T = \langle V, E \rangle$，則將 T 中點 v、邊 e 去掉得到子圖 $T' = \langle V - \{v\}, E - \{e\} \rangle$ 仍是數。

由假設可知：T' 的邊數為 $(m - 1) = (n - 1) - 1$。

∴ $m = n - 1$，即當 $n = k + 1$ 時，原命題成立。

故：原命題成立。

2. 生成

包含 G 中所有點的子圖稱為生成子圖。

若 G 的生成子圖是樹，則稱此子圖為生成樹。

在上一節中，我們討論的單源點到各點的最短路就構成生成樹，稱為最短路徑生成樹。

例如，圖 10-8 為圖 10-7 的 v_1 點的最短路徑生成樹。

在賦權圖 G 中，權和最小的生成樹，稱為最小生成樹。

例如，圖 10-9 為圖 10-7 的最小生成樹。

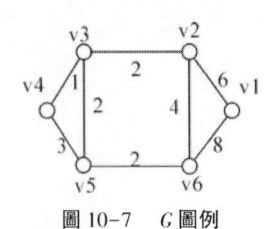

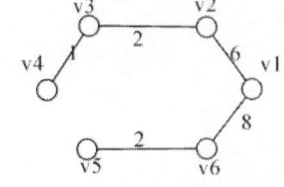

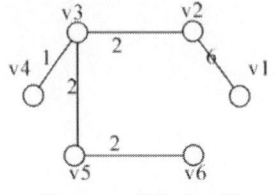

圖 10-7　G 圖例

圖 10-8　V_1 點最短路徑生成樹

圖 10-9　最小生成樹

最小生成樹有許多應用，如電網鋪設電纜、網路鋪設網線等。

二、最小生成樹 Kruskal 算法

Kruskal 算法是求解最小生成樹的著名算法。

1. 算法

Kruskal 算法又稱為避圈法。

算法：

Step1 開始：G 中的邊均為白色。

Step2 在白色邊中，挑選一條權最小的邊，使其與紅色邊不形成圈，將該白色邊塗紅。

Step3 重複 Step2，直到有 n－1 條紅色邊，這 n-1 條紅色邊便構成最小生成樹 T 的邊集合。

2. MATLAB 程序

賦權圖 G 的賦權鄰接矩陣為 w。

（1）挑選一條權最小的邊

將圖中的邊按權和大小排序，並記錄下來。MATLAB 代碼如下：

```
n＝size（w,1）；
b＝[ ]；;
for i＝1：(n-1)
for j＝(i+1)：n
if w（i,j） ~＝inf
        b＝[b [i; j; w（i,j）]]；
end
end
end
b＝sortrows（b',3）；b＝b'；
```

其中：b 為點邊矩陣，第一、二行記錄端點序號，第三行記錄權的值，最終 b 按權從小到大排序。

（2）如何判斷加邊不形成圈？

判斷新加入的邊不形成圈，即判斷新加入的邊的兩端點是否屬於同一子樹。

使用技巧：用最小標號點記錄子樹。

在程序中，先判斷欲新加入的邊的兩端點子樹標號是否相同，若不相同則將此邊加入到子圖中，並增加子圖的權和，更新相應的子樹標號。MATLAB 代碼如下：

```
T=［］；
c=0；
t=1：n；
k=1；
m=size（b，2）；
for i=1：m
if t（b（1，i））~=t（b（2，i））
T（1：2，k）=b（1：2，i）；
        c=c+b（3，i）；
tmin=min（t（b（1，i）），t（b（2，i）））；
tmax=max（t（b（1，i）），t（b（2，i）））；
for j=1：n
if t（j）==tmax
t（j）=tmin；
end
end
        k=k+1；
end
if k==n
break；
end
end
```

其中：T 記錄樹，每一列為邊的端點；$c=0$ 為樹的權和；t 記錄每點所在子樹的最小標號點，初始狀態 $t=1：n$。

（3）建立 MATLAB 函數文件

建立 MATLAB 函數文件，按照以上方法編寫代碼實現 Kruskal 算法，代碼為 kruskal.m。

例 10.3　求賦權圖 G 如圖 10-5 所示的最小生成樹。

解　使用 MATLAB，調用函數 kruskal.m，代碼 c04.m 如下：

```
w=［0 1 inf 4 1 inf inf inf inf
    1 0 1inf 3 6 inf inf inf inf
inf 1 0 inf inf 2 7 inf inf inf
    4inf inf 0 1 inf inf 2 inf inf
    1 3inf 1 0 3 inf inf 3 5
inf 6 2 inf 3 0 inf inf inf 4
```

inf inf 7 inf inf inf 0 inf inf 1
inf inf inf 2 inf inf inf 0 2 inf
inf inf inf inf 3 inf inf 2 0 2
inf inf inf inf 5 4 1 inf 2 0]
[T, c] =kruskal（w）
運行結果（部分）如下：
T =
  1 1 2 4 7 3 4 8 9
  2 5 3 5 10 6 8 9 10
c =
  13

習題十

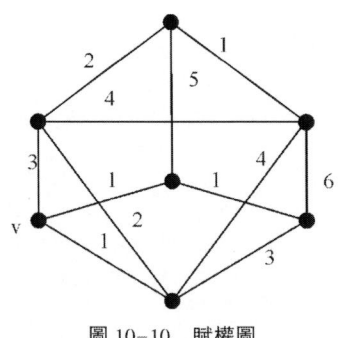

1. 圖 10-10 為賦權圖。

圖 10-10　賦權圖

使用 MATLAB 求解。
（1）求 v 點到所有點的最短路；
（2）求所有點間的最短路；
（3）求最小生成樹。

2. 某城鎮街道的街口位置與街道連接數據保存在 data.m 中，其中：矩陣 A 記錄街口位置，包括編號、坐標 x、坐標 y；矩陣 B 記錄街道連接數據，包括街口編號、街道長度。
（1）求 9 號街口到各街口的最短道路；
（2）畫出街道圖（兩點之間可近似用線段連接），並在街道圖上畫出 9 號街口到各街口的最短道路（最短路程樹）；
（3）由於路口監控的需要，欲在該城鎮鋪設網線，到達每一個街口。請問網線應通過哪些街道才會最省；
（4）畫出街道圖（兩點之間可近似用線段連接），並在街道圖上畫出網線通過的街道。

第十一章 體育模型

隨著經濟社會的飛速發展，數學工具尤其是數學模型在許多領域飛速發展，一些傳統上與「數」關係不大的領域也逐漸進入數量化和精確化時代。本章介紹體育中的一些數學模型。

第一節 圍棋中的兩個問題

一、問題

圍棋起源於中國，是一種策略性兩人棋類游戲。

圍棋棋子分黑白兩色，棋盤由縱橫的各 19 條平行線組成，交叉點為落子點，對局雙方各執一色棋子，黑先白後，交替下子，每次只能下一子。

棋子的氣：一個棋子在棋盤上，與它直線緊鄰的空點是這個棋子的「氣」。棋子直線緊鄰的點上，如果有同色棋子存在，則它們便相互連接成一個不可分割的整體。它們的氣也應一併計算。棋子直線緊鄰的點上，如果有異色棋子存在，這口氣就不復存在。如所有的氣均為對方所佔據，便呈無氣狀態。無氣狀態的棋子不能在棋盤上存在，也就是——提子。

提子：把無氣之子提出盤外的手段叫「提子」。提子有兩種：一是下子后，對方棋子無氣，應立即提取。二是下子后，雙方棋子都呈無氣狀態，應立即提取對方無氣之子。拔掉對手一顆棋子之後，就是禁著點（也叫禁入點）。棋盤上的任何一子，如某方下子后，該子立即呈無氣狀態，同時又不能提取對方的棋子，這個點叫作「禁著點」，禁止被提方下子。

最后，在無一方中盤認輸的情況下，黑棋和白棋比較，占位多者為勝。因為黑方先行存在一定的優勢，所以所有規則都採用了貼目制度。中國大陸採用數子規則，臺灣地區採用應氏計點規則，日韓採用數目規則。

事實上，在歷史上圍棋的規則經歷了數次變化，比如在兩千多年前的棋盤才有 11 道，現代出土文物中還有一些是較罕見的 15×15、17×17 路棋盤。

這些引起我們許多思考：
1. 棋盤每邊設計多少路才是最佳的？
2. 先手貼后手多少目才是最合理的？

二、棋盤路數

1. 棋的死活

活棋和死棋是指終局時，經雙方確認，沒有兩只真眼的棋且不在雙活狀態下的，都是死棋，應被提取。終局時，經雙方確認，有兩只真眼或兩只真眼以上都是活棋，不能提取。所謂的真眼就是都有子連著，且對方下子不能威脅到自己。

比如：圖 11-1 中的一塊白棋就是活棋。

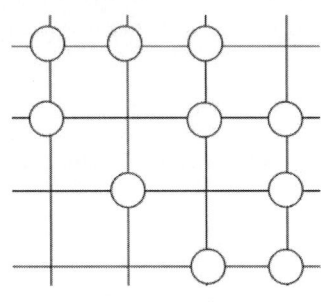

圖 11-1 活棋示例

上述一塊白棋雖然是活棋，但落子效率較低而不美觀，被稱為愚型。那麼如何提高落子效率呢？首先考慮哪一線棋子的成活速度最快，更確切地說是用最少的點來走成活棋。

圍棋棋盤是由縱橫交錯的線組成的方形交叉點域，我們把四條邊界稱為一線，與邊界相鄰的四條線稱為二線。這樣，依次根據與邊界的距離，而稱各線為三線、四線。

一棋塊雖不是活型棋塊，但當對方進攻此棋塊時，總可以通過正確應對而最終成為活棋，則此棋塊稱為準活型棋塊。

準活型棋塊的概念顯然有其實際意義。事實上，對弈開局時棋手們只是把棋走成大致的活型，而並非耗費子力去把棋塊走成真正的成活型。

二線、三線、四線棋子最快準活型見圖 11-2。

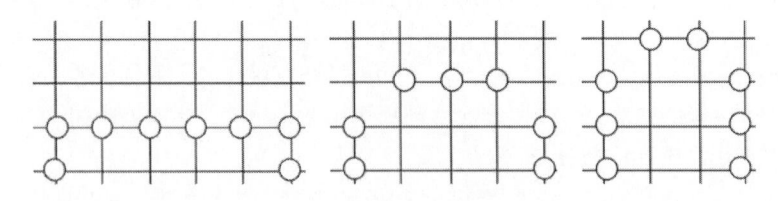

圖 11-2 最快準活型模塊示例

2. 模型分析

令：n_i，m_i 表示第 i 線形成準活型棋塊所用的最少子數、此塊棋子所占目數，則：

$n_2 = 8$，$n_3 = 7$，$n_4 = 8$

$m_2 = 4$，$m_3 = 6$，$m_4 = 6$

定義：目效率＝棋子數/所占目數。

$$E = \frac{m}{n}$$

則邊線做活的目效率為：

$E_2 = \dfrac{1}{2}$，$E_3 = \dfrac{6}{7}$，$E_4 = \dfrac{2}{3}$

目效率表示單位棋子所占的目數，即表示此棋塊平均佔有目數的能力，表示用目效率來表示一塊成活型棋塊的效率。

邊線做活的目效率最大值為 E_3。因此，從控制邊的能力來說，三線具有最快成活的特點，從而成為圍棋盤上最重要的一線。

棋類對決，有攻有守，攻守之間有一種平衡，而且隨時可以轉換。因此，先手一方即使先進行攻擊也未必得勝。圍棋之所以可以「公平」對弈，說明先下的一方占的便宜不會太大。

圍棋中對抗的兩種力量抗爭的最終目的是多占地盤。從做活和占地兩個角度來看，邊部因空間受阻而易受攻擊，但可利用邊部成目快的特點迅速做活，有根據地後再圖發展，中腹則由於四方皆可發展，不容易受到攻擊，做活便退居其次，而先去搶占空間。由此可見，邊部和中腹將成為圍棋中的兩種對抗的勢力。兩種勢力所具有的價值應該相同，這樣兩者才能夠真正地抗衡。

3. 模型的建立　求解

由於三線控制邊部的優勢，控制中腹的重任無疑落到了緊鄰的四線上。問題轉化為：怎樣設計方形棋盤（即每邊選取多少道），才能使三線圍成的邊部與四線圍成的中腹具有相同的地位或最小的差異？

決策變量：棋盤每邊有 x 道。

三線邊部最少落子數為 $n = 4(x - 5)$，所占目數 $m = 8(x - 2)$，於是目效率為：

$$E_3 = \frac{2(x - 2)}{(x - 5)}$$

四線中腹最少落子數為 $n = 4(x - 7)$，所占目數 $m = (x - 8)^2$，於是目效率為：

$$E_4 = \frac{(x - 8)^2}{4(x - 7)}$$

目標：$\min E(x) = | E_4 - E_3 |$

$$= \left| \frac{(x - 8)^2}{4x - 28} - \frac{2(x - 2)}{(x - 5)} \right|$$

$$= \left| \frac{1}{4} \cdot \frac{x^3 - 29x^2 + 216x - 432}{(x - 5)(x - 7)} \right|$$

利用 MATLAB 的繪圖功能繪製函數圖形，代碼為 c01.m。結果如下：

為了實用的需要，圍棋棋盤不宜太大或太小，取 $10 \leq x \leq 25$。從圖 11-3 中可以看出，當 $10 \leq x \leq 25$ 時，函數有唯一極小點，由於 x 取整數解，所以有：

$$\text{abs}(x^3-29x^2+216x-432)/(4\,\text{abs}(x-5)\,\text{abs}(x-7))$$

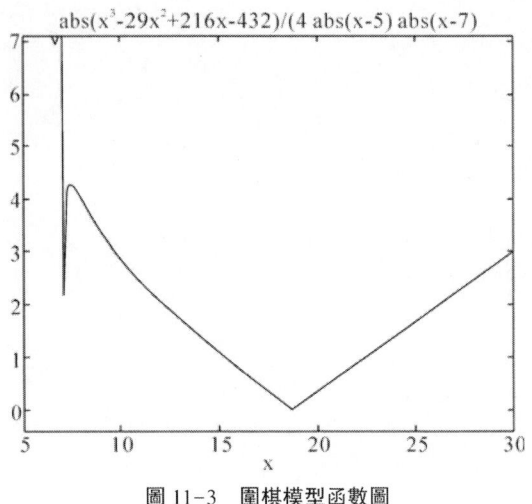

圖 11-3　圍棋模型函數圖

$x_{\min} = 19$，$E_{\min}(x) = 0.092\,3$

即：圍棋棋盤最佳道數選擇是 19 道。

三、貼目規則

從上面的結果來看，雖然 19 道的設置是最佳的，然而由於 $E_{\min}(x) = 0.092\,3$，並且 $E_4 - E_3 = 0.092 > 0$，說明對三線邊部的棋手仍然是不公平的。於是圍棋規則中又存在一條規則，即：貼目。

假設：對三線邊部的棋手貼目 y

則：$E(19) = | E_4 - E_3 |$

$$= \left| \frac{(x-8)^2}{4x-28} - \frac{8(x-2)+y}{4(x-5)} \right| = \left| \frac{121}{48} - \frac{136+y}{56} \right|$$

令 $E(19) = 0$，則有：

$y \approx 5.2$

即先手需在終局時貼出 5.2 目。

2001 年年底以前中國貼 2 又 3/4 子，日本貼 5 目半。與我們的計算結果完全一致。

然而近年來隨著對佈局研究的深入，此規則對執黑先行者仍然有利。截至 2001 年年底，在日本棋院近 5 年來進行的 1.5 萬盤正式公開棋賽對局中，（黑貼 5 目半的情況下）黑棋勝率達到了 51.86%。執黑執白的勝率之差儘管不到 4%，但在爭奪激烈的圍棋世界中，這樣的差距足以致命。

在國際棋賽中實力明顯占優的韓國率先在大多數棋賽中改用 6 目半制。中國也從 2002 年春天起，全部改貼 3 又 3/4 子（相當於 7 目半）。日本棋院對於實行了 50 年的黑棋貼 5 目半的制度也進行了改革，將部分比賽向中韓靠攏，實行 6 目半。日本圍棋 2003 年開始全部採用黑棋貼 6 目半規則。

截至 2014 年年底，中國大陸主辦的貼 3 又 3/4 子（相當於 7 目半）的世界大賽共

有 380 盤對局，其中黑勝 200 局，勝率為 52.6%（前 3 屆春蘭杯相當於貼 5 目半，未計入）。而臺灣舉辦的應氏杯（貼 8 點，也相當於 7 目半）則是黑勝 100 局，白勝 97 局。由此可見，即便是貼 7 目半，黑方似乎還是略占優勢。

第二節　循環比賽的名次

一、問題

若幹支球隊參加單循環比賽，各隊兩兩交鋒，假設每場比賽只計勝負，不計比分，且不允許平局。問題：如何根據他們的比賽結果排列名次呢？

表述比賽結果的辦法有很多，較直觀的一種是用圖的頂點表示球隊，而用連接兩個頂點、以箭頭標明方向的邊表示兩支球隊的比賽結果。

例 11.1　有 6 支球隊進行比賽，比賽結果用圖 11-4 表示。

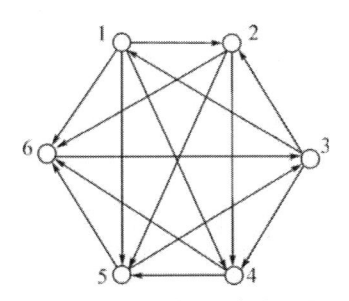

圖 11-4　6 支球隊比賽結果圖

圖中有向線段表示兩支球隊的比賽結果，比如 1 隊戰勝了 2 隊、4 隊、5 隊、6 隊。試給 6 支球隊按比賽結果排序。

二、模型建立與求解

1. 模型分析

（1）若比賽的勝負可以傳遞得到，是否可以排出名次？

例 11.1 中，3 隊勝 1 隊，1 隊勝 2 隊，…即：有一條通過所有點的通路 3—1—2—4—5—6。然而，還有其他路徑 1—4—5—6—3—1—2 等。因此用這種方法顯然不能決定誰是冠亞軍。

（2）計分法

排名次的常用辦法是計分法。球隊獲勝的 1 場記 1 分，否則不計分。

例 11.1 中，1 隊勝 4 場，2、3 隊各勝 3 場，4、5 隊各勝 2 場，6 隊勝 1 場。由此雖可決定 1 隊為冠軍，但 2 隊、3 隊之間與 4 隊、5 隊之間無法決出高低。如果只因為有通路 3—2，4—5，就將 3 隊排在 2 隊之前、4 隊排在 5 隊之前，則未考慮它們與其他隊的比賽結果，是不恰當的。

於是我們尋找其他的方法來確定比賽名次。

2. 性

只計勝負、沒有平局的循環比賽的結果可用有向圖表示，這個有向圖稱為比賽圖，問題歸結為如何由比賽圖排出頂點的名次。

2 個頂點的比賽圖排名次不成問題。

3 個頂點的比賽圖只有兩種形式（不考慮頂點的標號），見圖 11-5。

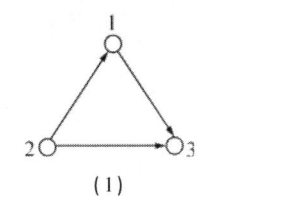

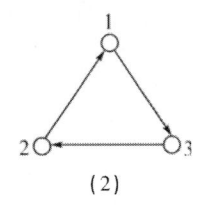

圖 11-5　3 個頂點的比賽圖的兩種形式

圖 11-5（1）中，3 個隊的名次排序顯然應是 {1，2，3}；對於圖 11-5（2），則 3 個隊名次相同，因為他們各勝一場。

4 個頂點的比賽圖共有圖 11-6 所示的 4 種形式。

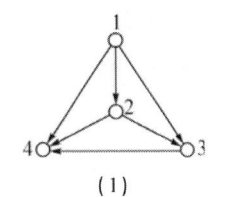

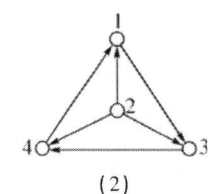

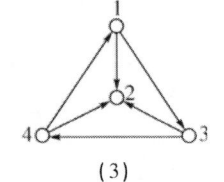

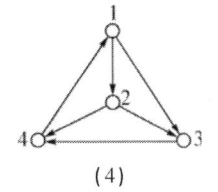

圖 11-6　4 個頂點的比賽圖的兩種形式

圖 11-6 有唯一的通過全部頂點的有向路徑 1—2—3—4，這種路徑稱為完全路徑，4 個隊得分為 (3, 2, 1, 0)，名次排序無疑應為 {1, 2, 3, 4}。

圖 11-6（2）點 2 顯然應排在第 1 位，其餘 3 點如圖 11-5（2）所示形式，名次相同，4 個隊得分為 (1, 3, 1, 1)，名次排序記作 {2, (1, 3, 4)}。

圖 11-6（3）點 2 排在最後，其餘 3 點名次相同，得分為 (2, 0, 2, 2)，名次排序記作 {(1, 3, 4), 2}。

圖 11-6（4）有不只一條完全路徑，如 1—2—3—4，3—4—1—2 無法排名次，得分為 (2, 2, 1, 1)，由得分只能排名為 {(1, 2), (3, 4)}，如果由 1—2，3—4 就簡單地排名為 {1, 2, 3, 4} 是不合適的，這種情形是研究的重點。

注意：圖 11-6（4）具有（1）（2）（3）所沒有的性質：對於任何一對頂點，存在兩條有向路徑（每條路徑由一條或幾條邊組成），使兩頂點可以相互連通，這種有向圖稱為雙向連通。

5 個頂點以上的比賽圖雖然更加複雜，但基本類型仍如圖 11-6 所給出的 3 種：第 1 種類型：有唯一完全路徑的比賽圖，如（1）；第 2 種類型：雙向連通比賽圖，如

(4); 第 3 種類型: 不屬於以上類型, 如 (2) (3)。

於是, 我們得到 n 個頂點的比賽圖具有以下性質:

(1) 比賽圖必存在完全路徑 (可用歸納法證明)。

(2) 若存在唯一的完全路徑, 則由完全路徑確定的頂點的順序, 與按得分多少排列的順序相一致。這裡一個頂點的得分是指由它按箭頭方向引出的邊的數目。

顯然, 性質 (2) 給出了第 1 種類型比賽圖的排名次方法, 第 3 種類型比賽圖無法全部排名。下面只討論第 2 種類型。

3. 向 通比 的名次排序

3 個頂點的雙向連通比賽圖, 如圖 11-5 (2), 名次排序相同。以下討論 n (≥ 4) 個頂點的雙向連通比賽圖。

使用圖論中鄰接矩陣的概念, 圖 11-6 (4) 的鄰接矩陣為:

$$A = \begin{pmatrix} 0 & 1 & 1 & 0 \\ 0 & 0 & 1 & 1 \\ 0 & 0 & 0 & 1 \\ 1 & 0 & 0 & 0 \end{pmatrix}$$

令: 頂點的得分向量為

$$s = (s_1, s_2, \ldots, s_n)^T$$

其中, s_i 為點 i 的得分, 則有

$$s = AI$$

其中: $I = (1, 1, \ldots, 1)^T$ 為 1 向量, 於是對於圖 11-6 (4): $s = (2, 2, 1, 1)^T$。

記: $s^{(1)} = s$, 稱為 1 級得分向量, 即四支比賽隊的基礎得分。

令: $s^{(2)} = As^{(1)}$, 稱為 2 級得分向量, 代表各頂點 (比賽隊) 戰勝的其他隊球隊的 (1 級) 得分之和。與 1 級得分相比, 2 級得分也有理由作為排名次的依據。

以此類推, $s^{(k)} = As^{(k-1)}$, 代表 k 級得分向量。

對於圖 11-6 (4) 計算得到:

$s^{(1)} = (2, 2, 1, 1)^T$
$s^{(2)} = (3, 2, 1, 2)^T$
$s^{(3)} = (3, 3, 2, 3)^T$
$s^{(4)} = (5, 5, 3, 3)^T$
$s^{(5)} = (8, 6, 3, 5)^T$
$s^{(6)} = (9, 8, 5, 8)^T$

....

k 越大, 用 s 作為排名次的依據越合理, 如果 $k \to \infty$ 時, s (歸一化) 收斂於某個極限得分向量, 那麼就可以用這個向量作為排名次的依據。

定理 (Perron-Frobenius 定理) 存在正整數 r, 使得鄰接矩陣 A 滿足 $A^r > 0$, 這樣的 A 稱為素陣。素陣 A 的最大特徵根為正單根 λ, λ 對應正特徵向量 s, 且有:

$$s = \lim_{k \to \infty} \frac{A^k I}{\lambda^k}$$

與 $s^{(k)} = As^{(k-1)}$ 比較，k 級得分向量 $s^{(k)}$，當 $k \to \infty$ 時（歸一化）將趨向 A 的對應於最大特徵根的特徵向量 s。

最終得到比賽圖的排名方法：

$$s^{(k)} = As^{(k-1)} \text{ 或 } s = \lim_{k \to \infty} \frac{A^k I}{\lambda^k}$$

圖 11-6（4）鄰接矩陣 A 的最大特徵值及對應特徵向量為：
$\lambda = 1.3953$，$s = (0.3213 \quad 0.2833 \quad 0.1650 \quad 0.2303)$
從而確定名次排列為 $\{1, 2, 4, 3\}$。
由此可以看出，雖然 3 勝了 4，但由於 4 戰勝了最強大的 1，所以 4 排名在 3 之前。

三、模型應用

解 例 11.1　6 支球隊進行比賽。鄰接矩陣為：

$$A = \begin{pmatrix} 0 & 1 & 0 & 1 & 1 & 1 \\ 0 & 0 & 0 & 1 & 1 & 1 \\ 1 & 1 & 0 & 1 & 0 & 0 \\ 0 & 0 & 0 & 0 & 1 & 1 \\ 0 & 0 & 1 & 0 & 0 & 1 \\ 0 & 0 & 1 & 0 & 0 & 0 \end{pmatrix}$$

使用 MATLAB 計算，代碼 c02.m。結果如下：
$s = (0.2379 \quad 0.1643 \quad 0.2310 \quad 0.1135 \quad 0.1498 \quad 0.1035)$
排出名次為 $\{1, 3, 2, 5, 4, 6\}$。

第三節　運動對膝關節的影響

一、問題

膝關節由股骨踝、脛骨平臺、腓骨、髕骨、韌帶、半月板、關節軟骨、肌肉等共同組成，其運動是很複雜的。

在體重負荷下，脛股關節接觸力隨屈膝角度增大而增加。有資料顯示，人體屈膝 $30°$，膝關節承受壓力和體重相等，屈膝 $60°$，膝關節壓力為體重的 4 倍，屈膝 $90°$，所承受的壓力是體重的 6 倍。

事實上，膝關節所承受的壓力不僅與屈膝角度有關，也與身體各部位（軀干、小腿等）的傾斜度有關。試建立數學模型，分析在體重負荷、靜止、雙腳支撐狀況下，脛股關節接觸力與屈膝角度、身體各部位傾斜度的關係，確定最大脛股關節接觸力及對應的屈膝角度、小腿等的傾斜度，並說明上段說法是否正確（可在一定誤差下）。

二、模型的建立與求解

1. 受力分析

膝關節由股骨踝、脛骨平臺、腓骨、髕骨、韌帶、半月板、關節軟骨、肌肉等共同組成。其構造如圖11-7所示。

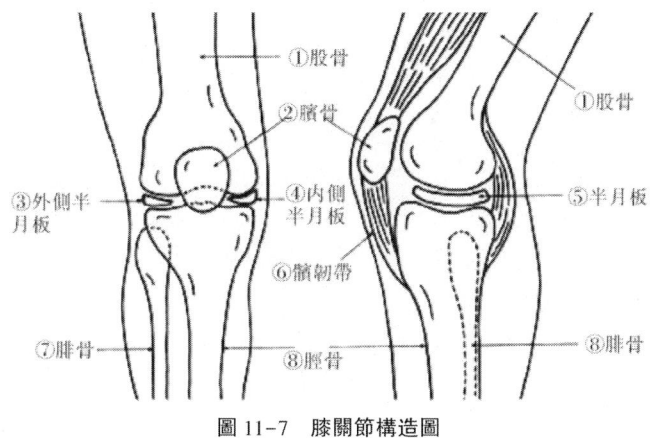

圖11-7　膝關節構造圖

人體各部位的受力是相當複雜的，圍繞膝關節我們將其簡化成4部分：上肢、股骨、髕骨、脛骨。其受力情況可簡化成圖11-8的形式。

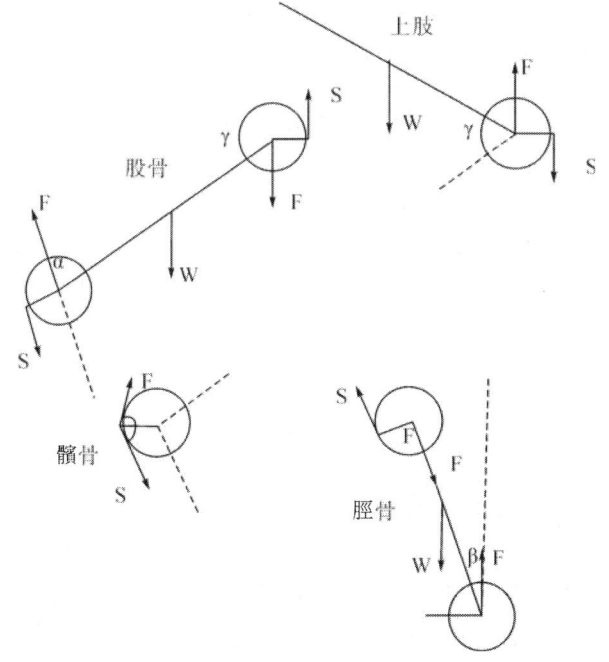

圖11-8　膝關節受力分析簡圖

從圖 11-8 可以看出，為了得到膝關節承受壓力 F，可以以股骨為剛體進行討論。

2. 模型建立

以「股骨」為研究對象：以交叉韌帶（髖骨位置）為支點，其力學結構如圖 11-9 所示。

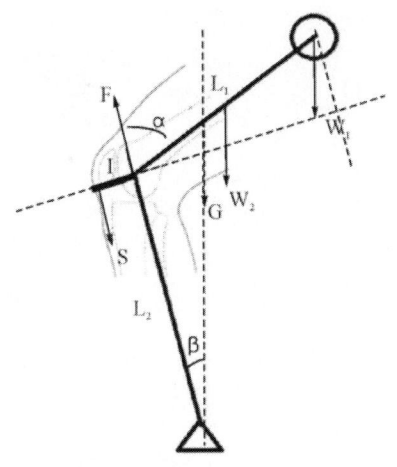

圖 11-9　膝關節受力的力學結構圖

建立力矩平衡方程如下：

考慮：w_1 為上肢作用股骨的合力，大小為上肢體重。

$$F \times r = (w_2 \times (r + 0.5L_1\sin(\alpha)) + w_1 \times (r + L_1\sin(\alpha)))\cos(\beta)$$

得：

$$F = (w_2 \times (r + 0.5L_1\sin(\alpha)) + w_1 \times (r + L_1\sin(\alpha)))\cos(\beta) \times \frac{1}{r}$$

滿足正弦定理：

$$\frac{kL_1}{\sin(\beta)} = \frac{L_2}{\sin(\alpha - \beta)}，一般：k = \frac{1}{3}\cdots 1$$

其中：h、L_1、L_2、w、w_2、w_3 為身高、股骨長度、脛骨長度、體重、上肢重量、大腿重量，F、r 為膝蓋支撐力、髖韌帶到膝蓋支點距離，α、β 為股骨、脛骨傾斜角。

3. 模型求解

通過查找相關資料可得人體參數：

$L_1 = 0.232h$，$L_2 = 0.247h$

$r0 = 3.258 \pm 0.484$，$r0 < r$

$r：L_1 \approx 1：7 \sim 12$

使用 MATLAB 計算，代碼 c03.m。結果如下：

L1＝0.232；L2＝0.247；w2＝0.1406；w1＝1/2-w2-0.0426；r＝L1/8；
s＝［］；

```
for alpha= (0: 1: 130) /180 * pi
    F0=100000000000; F1=0;
for k=0: 0.1: 1
        gap0=1000000000; beta0=0;
for beta= (0: 0.1: 160) /180 * pi
gap=abs (k*L1*sin (alpha-beta) -L2*sin (beta) );
if gap0>gap
            gap0=gap;
            beta0=beta;
end
end
F= (w2* (r+0.5*L1*sin (alpha) ) +w1* (r+L1*sin (alpha) ) ) *cos (beta0) /r;
if F0>F
            F0=F;
            k0=k;
            beta00=beta0;
end
if F1<F
            F1=F;
            k1=k;
            beta01=beta0;
end
end
    s= [s [F0; alpha*180/pi; beta00*180/pi; k0; 0; F1; k1; beta01*180/pi] ];
end
s
```

運行最終結果如下:

ans =

30.0000	60.0000	90.0000
14.5000	29.0000	43.2000
1.0000	1.0000	1.0000
1.9419	2.7457	2.5909
2.0058	3.1393	3.5542
0	0	0
0	0	0

即：當股骨傾斜90°、脛骨傾斜角43°時，左右每個膝蓋承受壓力最大，最大承受壓力為體重的3.554 2倍。此外，人體屈膝30°、60°時，膝關節承受壓力為體重的2.005 8倍、3.139 3倍。

三、模型應用

上述模型是基於靜力運動基礎建立的膝關節生物力學模型。在此基礎上，對膝關節屈曲動作的運動、接觸等力學行為進行模型分析，可以獲得脛骨關節、髕骨關節等接觸面受力大小的變化規律及峰值大小等結果。進而研究膝關節在籃球、羽毛球、跑步、登山等運動中屈曲活動的運動和應力等的動態特徵，對膝關節屈曲動作的運動、接觸等力學行為進行評估，為尋找適合中國國情、安全可靠的運動方法及組織實施形式提供理論依據。

習題十一

1. 爬樓梯屬於負重運動，上下臺階時下肢各關節的運動幅度、關節負荷以及肌肉活動等均與在平地上靜止、行走有差異，膝關節起主要承重和緩衝作用。

有資料顯示，正常人在爬樓梯時膝關節承受的壓力會在瞬間增加3倍。例如，一位體重為70千克的人在爬樓梯時其兩側膝關節所承受的壓力則高達280千克。同時，爬樓梯速度越快，膝關節承受的壓力就越大。

考察臺階：長90厘米、寬28厘米、高18厘米。測試者：170厘米、70千克。速度：96步/分鐘。試建立數學模型，分析上下臺階時，脛股關節接觸力與上下樓梯時腿部動作、速度等的關係。分析上下樓梯是否有差異，上下樓梯最大膝關節壓力各是多少，平均膝關節壓力各是多少？並說明上段說法是否正確。

2. 請選取步行（如快步走）、武術（如太極拳）、球類（如籃球）、田徑（如跳遠）等一個或多個運動項目，對運動對膝關節的影響進行討論。

第十二章 其他模型

本章介紹幾個特殊模型的建立和求解。

第一節 層次分析法

一、問題的提出

1. 多方案

你會不會有這種感覺：到吃飯時不知吃什麼，出去玩不知去哪裡？

人們在日常工作、學習、生活中常常碰到多種方案進行選擇的決策問題。比如，選擇哪家餐館用餐，中餐、西餐還是火鍋？購買哪件商品，耐克還是阿迪達斯？到哪裡去玩，九寨溝、拉薩還是巴厘島？……當然這些選擇都不會產生嚴重后果，不必作為決策問題認真對待。然而有些選擇就需重視，比如，學生每學期的選課、科研課題的選擇等。有些選擇甚至意義深遠，比如，高考填報志願、畢業生工作選擇等。

人們在處理上面這些決策問題的時候，要考慮的因素有多有少、有大有小，但是一個共同的特點是它們通常都涉及經濟、社會、人文等方面的因素。在做比較、判斷、評價、決策時，這些因素的重要性、影響力或者優先程度往往難以量化，人的主觀選擇會起著決定性作用，這就給用一般的數學方法解決問題帶來了困難。

我們以一個相對比較輕松的選擇為例：

例 12.1 旅遊地選擇。節假日有三個備選旅遊點的資料。

P1：景色優美，但遊客較多，住宿條件較差、費用高。
P2：交通方便、住宿條件好、價錢不貴，但景色一般。
P3：景色不錯，住宿、花費都令人滿意，但交通不方便。
選擇哪一個方案？

2. 次分析法

層次分析法是定性與定量相結合的、系統化、層次化的分析方法，為上述問題的決策和排序提供一種新的、簡潔而實用的建模方法。

層次分析法（Analytic Hierarchy Process，AHP）是將與決策有關的元素分解成目標、準則、方案等層次，並在此基礎之上進行定性和定量分析的決策方法。該方法是美國運籌學家、匹茲堡大學教授薩蒂於20世紀70年代初，在為美國國防部研究「根

據各個工業部門對國家福利的貢獻大小而進行電力分配」課題時，應用網路系統理論和多目標綜合評價方法提出的一種層次權重決策分析方法。

層次分析法把研究對象作為一個系統，按照分解、比較判斷、綜合的思維方式進行決策，成為繼機理分析、統計分析之后發展起來的系統分析的重要工具。

二、層次分析法的基本原理與步驟

運用層次分析法建模，大體上可按下面四個步驟進行：
(1) 建立層次結構；
(2) 構造判斷矩陣；
(3) 計算權向量並進行一致性檢驗；
(4) 計算組合權向量並進行組合一致性檢驗。

1. 建立層次

應用 AHP 分析決策問題時，首先要把問題條理化、層次化，構造出一個有層次的結構模型。在這個模型下，複雜問題被分解為元素的組成部分。這些元素又按其屬性及關係形成若干層次。上一層次的元素作為準則對下一層次有關元素起支配作用。這些層次可以分為三類：

(1) 目標層：這一層次處在最高層，只有一個元素，一般它是分析問題的預定目標或理想結果。

(2) 準則層：這一層次處在中間層，包含了為實現目標所涉及的中間環節。它可以由若干個層次組成，包括所需考慮的準則、子準則，因此也稱為準則層。

(3) 方案層：這一層次處在最低層，包括為實現目標可供選擇的各種措施、決策方案等。

遞階層次結構中的層次數與問題的複雜程度及需要分析的詳盡程度有關，一般的層次數不受限制。每一層次中各元素所支配的元素一般不要超過 9 個。這是因為支配的元素過多會給兩兩比較判斷帶來困難。

例 12.1 旅遊地選擇問題中，根據諸如景色、費用、居住、飲食和旅途條件等一些準則去反覆比較 3 個候選地點。可以建立如圖 12-1 所示的層次結構模型。

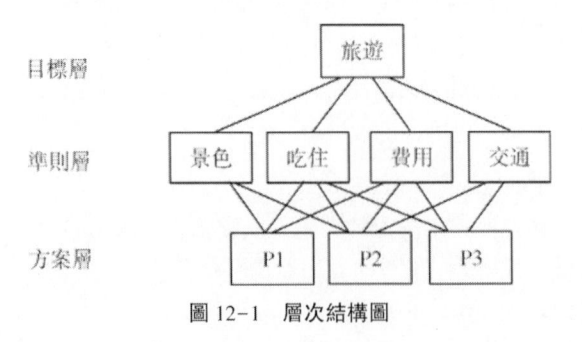

圖 12-1 層次結構圖

2. 造判矩

涉及社會、經濟、人文等因素的決策問題的主要困難在於，這些因素通常不易定量地量測，人們憑自己的經驗和知識進行判斷，當因素較多時給出的結果往往是不全面和不準確的，如果只是定性的結果，不易被別人接受。

薩蒂的做法，一是不把所有因素放在一起比較，而是兩兩相互對比；二是對比時採用相對尺度，以盡可能地減少性質不同的諸因素相互比較的困難，提高準確度。

（1）兩兩對比矩陣

假設要比較某一層 n 個因子對上層一個因素 O 的影響，則每次取兩個因子 x_i 和 x_j，以 a_{ij} 表示 x_i 和 x_j 對 O 的影響大小之比。全部比較結果用矩陣表示為：

$$A = (a_{ij})_n, \, a_{ij} > 0, \, a_{ji} = \frac{1}{a_{ij}}$$

矩陣 A 稱為兩兩比較矩陣，又稱為正互反矩陣。

（2）比較尺度

在估計事物質的區別時，人們常用五種判斷表示，即相等、較強、強、很強、絕對強。當需要更高精度時，還可以在相鄰判斷之間做出比較，這樣，總共有九個等級。

心理學家認為，人們同時在比較若幹個對象時，能夠區別差異的心理學極限為 7 ± 2 個對象，這樣它們之間的差異正好可以用 9 個數字表示出來。薩蒂還將 1~9 標度方法同另外一種 26 標度方法進行過比較，結果表明 1~9 標度是可行的，並且能夠將思維判斷數量化。

將 1~9 標度的含義進行描述即為：

a_{ij} = 1（相同）、3（稍強）、5（強）、7（明顯強）、9（絕對強）

2、4、6、8 是上述相鄰等級中間值，且 $a_{ji} = \frac{1}{a_{ij}}$。

例 12.1 旅遊地選擇問題中，使用成對比較法構建兩兩比較矩陣如下：

$$A = \begin{pmatrix} 1 & 3 & 2 & 5 \\ 1/3 & 1 & 3 & 2 \\ 1/2 & 1/3 & 1 & 1 \\ 1/5 & 1/2 & 1 & 1 \end{pmatrix}$$

矩陣中，$a_{12} = 3$ 代表在景色方面，P1 比 P2 稍強，等等。

另外，$a_{12} = 3$，$a_{24} = 2$，也可以表示成 P1：P2＝3，P2：P4＝2，於是可推得 P1：P4＝6，但是，P1：P4＝5，說明什麼？

人的大腦判斷不可能在多從判斷中完全精確，這種現象我們稱為不一致性。即：$a_{ij}a_{jk} \neq a_{ik}$，但我們希望差異不要太大，$a_{ij}a_{jk} \approx a_{ik}$。即：需要訂立一個標準來判斷是否能夠接受，這個標準稱為一致性指標，判斷過程稱為一致性檢驗。

3. 算重向量　行一致性

（1）計算權重向量

我們希望進行兩兩比較得到矩陣 A 的 n 個因子的重要性能統一表達，有效的表達方

式就是重要性權重向量，令其為 $w = (w_1, \cdots, w_n)^T$，則兩兩比較矩陣理論上就為：

$$B = \begin{pmatrix} 1 & \dfrac{w_1}{w_2} & \cdots & \dfrac{w_1}{w_n} \\ \dfrac{w_2}{w_1} & 1 & \cdots & \dfrac{w_2}{w_n} \\ \cdots & \cdots & \cdots & \cdots \\ \dfrac{w_n}{w_1} & \dfrac{w_n}{w_2} & \cdots & 1 \end{pmatrix}$$

其中：主對角線元素亦可表示成 $b_{ii} = \dfrac{w_i}{w_i}$。

B 矩陣的特點：

$r(B) = 1, \lambda = n, 0, \ldots, 0, Bw = \lambda w$

即：w 為矩陣 B 最大特徵值對應的特徵向量。

由於兩兩比較矩陣 A 與理論值 B 差別不大，所以，

重要性權重向量 w 的求解方法為：兩兩比較矩陣 A 最大特徵值 λ_{max} 對應的特徵向量，並歸一化。

（2）一致性檢驗

兩兩比較矩陣 A 與理論值 B 相同，即滿足：

$a_{ij}a_{jk} = a_{ik}, \forall i, j, k = 1, 2, \cdots, n$

稱矩陣 A 為一致性矩陣。

然而，人工的判斷幾乎不可能達到完全一致，即 $A = B + \varepsilon$，ε 為誤差矩陣。於是有：

$Aw = \lambda_{max} w$

$\quad = (B + \varepsilon)w = nw + \varepsilon w$

$\therefore \varepsilon w = (\lambda_{max} - n)w$

所以，$\lambda_{max} - n$ 可以反應兩兩比較矩陣 A 與理論值 B 的偏差大小。去掉自由度 $n - 1$，於是，定義計算一致性指標：

$CI = \dfrac{\lambda_{max} - n}{n - 1}$

為了確定 A 的不一致程度的容許範圍，需要找出衡量 A 的一致性指標的標準。薩蒂又引入所謂隨機一致性指標 CR。計算 CR 的過程是：對於固定的 n，隨機地構造正互反陣 A'，然後計算 A' 的一致性指標 CI。對於不同的 n，薩蒂用 100～500 個樣本 A' 計算，而后用它們的 CI 的平均值作為隨機一致性指標，數值見表 12-1。

表 12-1　　　　　　　　　　隨機一致性指標 CI 值

n	1	2	3	4	5	6	7	8	9
CI	0	0	0.58	0.90	1.12	1.24	1.32	1.41	1.45

可以想到，A' 是非常不一致的，它的 CI 相當大，與 CI 比較仍應有個範圍。

定義：計算一致性比例 CR

$$CR = \frac{CI}{RI}$$

當 $CR < 0.10$ 時，認為判斷矩陣的一致性是可以接受的，否則應對判斷矩陣做適當修正。

例 12.1 旅遊地選擇問題中，構造的矩陣 A 進行一致性檢驗：

使用 MATLAB 計算，代碼 c01.m。計算結果如下：

$\lambda = 4.2137, w = (0.4969 \quad 0.2513 \quad 0.1386 \quad 0.1132)^T$

$$CR = \frac{CI}{RI} = = \frac{4.2137 - 4}{3 \times 0.9} = 0.0792$$

通過一致性檢驗，w 可以使用。

4. 算 合 重向量 行 合一致性

(1) 計算組合權重向量

上面我們得到的是一組元素對其上一層中某元素的權重向量。下面的問題是由各準則對目標的權向量和各方案對每一準則的權向量計算各方案對目標的權向量，稱為組合權向量。

設單層權重向量：

2 層對 1 層：$W^{(2)} = (w_1^{(2)}, \ldots, w_m^{(2)})^T$

3 層對 2 層：$W_1^{(3)} = \begin{pmatrix} w_{11}^{(3)} \\ w_{21}^{(3)} \\ \vdots \\ w_{n1}^{(3)} \end{pmatrix}, \quad W_2^{(3)} = \begin{pmatrix} w_{12}^{(3)} \\ w_{22}^{(3)} \\ \vdots \\ w_{m2}^{(3)} \end{pmatrix}, \ldots, W_m^{(3)} = \begin{pmatrix} w_{1n}^{(3)} \\ w_{2n}^{(3)} \\ \vdots \\ w_{mn}^{(3)} \end{pmatrix}$

用準則的重要性對在各準則下方案的權重進行加權平均，就可得到方案的總權重，即組合權向量：

令：$X = (W_1^{(3)}, W_2^{(3)}, \ldots, W_m^{(3)}) = \begin{pmatrix} w_{11}^{(3)} & w_{12}^{(3)} & & w_{1n}^{(3)} \\ w_{21}^{(3)} & w_{22}^{(3)} & \cdots & w_{2n}^{(3)} \\ \vdots & \vdots & & \vdots \\ w_{n1}^{(3)} & w_{m2}^{(3)} & & w_{mn}^{(3)} \end{pmatrix}$

則：$W = XW^{(2)}$

(2) 組合一致性檢驗

雖然各層次均已經過層次單排序的一致性檢驗，各成對比較判斷矩陣都已具有較為滿意的一致性。但當綜合考察時，各層次的非一致性仍有可能累積起來，引起最終分析結果的非一致性。

採用將每層一致性檢驗指標加權平均，各層一致性檢驗指標想加匯總作為總體的一致性檢驗，稱為組合一致性檢驗。

設單層一致性檢驗：

2 層對 1 層：$CR^{(2)} = \dfrac{CI^{(2)}}{RI^{(2)}}$

3 層對 2 層：$CI_1^{(3)}$, $CI_2^{(3)}$, ..., $CI_m^{(3)}$
$\qquad\qquad RI_1^{(3)}$, $RI_2^{(3)}$, ..., $RI_m^{(3)}$

$$CR^{(3)} = \dfrac{CI^{(3)} W^{(2)}}{RI^{(3)} W^{(2)}}$$

則，組合一致性檢驗為：

< 0.1

三、層次分析法的應用

解 例 12.1 旅遊地選擇問題
步驟：
（1）建立層次結構

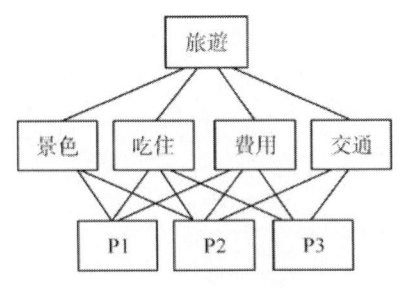

圖 12-2　層次結構圖

（2）構造兩兩比較矩陣

$A = (a_{ij})_n$，$a_{ij} > 0$，$a_{ji} = \dfrac{1}{a_{ij}}$

某人用成對比較法構建兩兩比較矩陣如下：

$$A = \begin{pmatrix} 1 & 3 & 2 & 5 \\ 1/3 & 1 & 3 & 2 \\ 1/2 & 1/3 & 1 & 1 \\ 1/5 & 1/2 & 1 & 1 \end{pmatrix}$$

$$B_1 = \begin{pmatrix} 1 & 7 & 2 \\ 1/7 & 1 & 1/4 \\ 1/2 & 4 & 1 \end{pmatrix}, B_2 = \begin{pmatrix} 1 & 1/7 & 1/6 \\ 7 & 1 & 1/2 \\ 6 & 2 & 1 \end{pmatrix}, B_3 = \begin{pmatrix} 1 & 1/5 & 1/4 \\ 5 & 1 & 1/2 \\ 4 & 2 & 1 \end{pmatrix},$$

$$B_4 = \begin{pmatrix} 1 & 1/3 & 5 \\ 3 & 1 & 7 \\ 1/5 & 1/7 & 1 \end{pmatrix}$$

（3）計算權向量並進行一致性檢驗

$$CR = \frac{CI}{RI}$$

（4）計算組合權向量並進行組合一致性檢驗

$$CR = CR^{(2)} + CR^{(3)} = \frac{CI^{(2)}}{RI^{(2)}} + \frac{CI^{(3)} W^{(2)}}{RI^{(3)} W^{(2)}}$$

使用 MATLAB 計算，代碼 c02.m 如下：

B1＝［1 7 2；1/7 1 1/4；1/2 4 1］；
B2＝［1 1/7 1/6；7 1 1/2；6 2 1］；
B3＝［1 1/5 1/4；5 1 1/2；4 2 1］；
B4＝［1 1/3 5；3 1 7；1/5 1/7 1］；
A＝［1 3 2 5；1/3 1 3 2；1/2 1/3 1 1；1/5 1/2 1 1］；
%A＝［1 2 3 4；1/2 1 2 2；1/3 1/2 1 1；1/4 1/2 1 1］；
［v1，d1］＝eig（B1），w1＝v1（：，1）/sum（v1（：，1）），lambda1＝d1（1，1）
［v2，d2］＝eig（B2），w2＝v2（：，1）/sum（v2（：，1）），lambda2＝d2（1，1）
［v3，d3］＝eig（B3），w3＝v3（：，1）/sum（v3（：，1）），lambda3＝d3（1，1）
［v4，d4］＝eig（B4），w4＝v4（：，1）/sum（v4（：，1）），lambda4＝d4（1，1）
［v，d］＝eig（A），w＝v（：，1）/sum（v（：，1）），lambda＝d（1，1）
lambda0＝［lambda1 lambda2 lambda3 lambda4］
CI0＝（lambda0-size（B1，1））/（size（B1，1）-1）
CR0＝CI0/0.58
CI3＝CI0*w
CR3＝CI3/0.58
CI2＝（lambda-size（A，1））/（size（A，1）-1）
CR2＝CI2/0.96
CR＝CR2+CR3
ww＝［w1 w2 w3 w4］
w0＝ww*w

一致性檢驗部分計算結果如下：

CR0 =

  0.0017 0.0692 0.0810 0.0559

CR2 =

  0.0742

CR3 =

  0.0358

CR =

  0.1100

即：單層一致性檢驗通過，但組合一致性檢驗 $CR = 0.11 > 1$，未通過一致性檢驗。

重新進行兩兩比較均值構建，得：

$$A = \begin{pmatrix} 1 & 2 & 3 & 4 \\ 1/2 & 1 & 2 & 2 \\ 1/3 & 1/2 & 1 & 1 \\ 1/4 & 1/2 & 1 & 1 \end{pmatrix}$$

重新代入 MATLAB 代碼 c02.m 計算，結果如下：

CR0 =
    0.0017   0.0692   0.0810   0.0559

CR3 =
    0.0369

CR2 =
    0.0036

CR =
    0.0405

w0 =
    0.3553
    0.2677
    0.3770

通過一致性檢驗，w 可以使用。

$w = (0.3553 \quad 0.2677 \quad 0.3770)^T$

結果是：P3 點為首選，P1 次之，P2 點應予以淘汰。

四、隨機一致性指標

現在使用計算機模擬的方式計算隨機一致性指標，步驟如下：

Step1 隨機生成正互反矩陣；

Step2 計算一致性指標；

Step3 重複 Step1～Step2 若幹次；

Step4 計算一致性指標的均值即為隨機一致性指標。

使用 MATLAB 編程，代碼 c03.m 如下：

```
m = 20
n = 10000；
ri = zeros（1，m）；
for k = 2：m
  for r = 1：n
       a = eye（k）；
  for i = 1：k
  for j = i+1：k
  if rand>0.5
```

```
                    a (i, j) = fix (9 * rand+1); a (j, i) = 1/a (i, j);
     else
                    a (j, i) = fix (9 * rand+1); a (i, j) = 1/a (j, i);
     end
   end
 end
 la = eig (a);
 ri (k) = ri (k) + (max (la) -k) / (k-1);
 end
end
ri = ri/n
```

運行結果如下：

ri =

  Columns 1 through 16

    0   0   0.5357 0.8824 1.1097 1.2465 1.3443

1.4048 1.4516 1.4836 1.5127 1.5353 1.5540 1.5703

1.5836 1.5936

  Columns 17 through 20

   1.6065 1.6144 1.6225 1.6271

與薩蒂給出結果相比，略有增加。

第二節　動態規劃模型

一、問題提出

1. 多　段　策

在生產和科學實驗中，有一類活動的過程，由於它的特殊性，可將過程分為若幹個互相聯繫的階段，在它的每一個階段都需要做出決策，從而使整個過程達到最好的活動效果。因此，各個階段決策的選取不是任意確定的，它依賴於當前面臨的狀態，又影響以後的發展。當各個階段決策確定后，就組成了一個決策序列，因此也就決定了整個過程的一條活動路線。這種把一個問題可看成一個前後關聯具有鏈狀結構的多階段過程稱為多階段決策過程，也稱為序貫決策過程。這種問題被稱為多階段決策問題。

例如，我們要去美國亞拉巴馬州，選擇路線從成都到北京，而后從北京到底特律，再從底特律到阿拉巴馬。那麼如何確定每一段的交通方式和時間？

例如，很多部門或企業都有 5 年計劃和總體目標，但具體的工作計劃是分年制訂的。為了達到 5 年計劃，如何分階段制訂年度計劃？

甚至一些分階段制訂計劃只能在各階段才能制訂出來。比如戰爭，戰場瞬息萬變，

必須根據當時的狀態進行決策。

這些例子的特點是：決策時，一項任務需要在時間或空間上分為幾個階段完成，每個階段都有多種選擇，即多階段決策。

2.

動態規劃是運籌學的一個分支，是求解多階段決策問題的最優化方法。

動態規劃是一種求解多階段決策問題的系統技術，是考察問題的一種途徑，而不是一種特殊算法（如線性規劃是一種算法）。因此它不像線性規劃那樣有一個標準的數學表達式和明確定義的一組規則，動態規劃必須對具體問題進行具體的分析處理，許多動態規劃方法具有較高技巧。在多階段決策問題中，有些問題對階段的劃分具有明顯的時序性，動態規劃的「動態」二字也由此而得名。

動態規劃的主要創始人是美國數學家貝爾曼（Bellman）。20世紀40年代末50年代初，當時在蘭德公司（Rand Corporation）從事研究工作的貝爾曼首先提出了動態規劃的概念。1957年貝爾曼發表了數篇研究論文，並出版了他的第一部著作《動態規劃》。該著作成了當時唯一的進一步研究和應用動態規劃的理論源泉。1961年貝爾曼出版了他的第二部著作，並於1962年同杜瑞佛思（Dreyfus）合做出版了第三部著作。在貝爾曼及其助手們致力於發展和推廣這一技術的同時，其他一些學者也對動態規劃的發展做出了重大的貢獻，其中最值得一提的是愛爾思（Aris）和梅特頓（Mitten）。愛爾思先后於1961年和1964年出版了兩部關於動態規劃的著作，並於1964年同尼母霍思爾（Nemhauser）、威爾德（Wild）創建了處理分枝、循環性多階段決策系統的一般性理論。梅特頓提出了許多對動態規劃后來發展有著重要意義的基礎性觀點，並且對明晰動態規劃路徑的數學性質做出了巨大的貢獻。

動態規劃問世以來，在經濟管理、生產調度、工程技術和最優控制等方面得到了廣泛的應用。例如，最短路線、庫存管理、資源分配、設備更新、排序、裝載等問題，用動態規劃方法比用其他方法求解更為方便。

雖然動態規劃主要用於求解以時間劃分階段的動態過程的優化問題，但是一些與時間無關的靜態規劃（如線性規劃、非線性規劃），只要人為地引進時間因素，把它視為多階段決策過程，也可以用動態規劃方法方便地求解。

二、動態規劃理論

1. 基本概念

一個多階段決策過程最優化問題的動態規劃模型通常包含以下要素。

（1）階段、階段變量

階段是對整個過程的自然劃分。通常根據時間順序或空間順序特徵來劃分階段，以便按階段的次序求解優化問題。描述階段的變量稱為階段變量，常用 k 表示，$k = 1$, 2, $\cdots$, n。

（2）狀態、狀態變量

狀態表示每個階段開始時過程所處的自然狀況或客觀條件。它應能描述過程的特

徵並且無后效性,即當某階段的狀態變量給定時,這個階段以后過程的演變與該階段以前各階段的狀態無關。通常還要求狀態是直接或間接可以觀測的。

描述狀態的變量稱狀態變量,用 x_k 表示。變量允許取值的範圍稱允許狀態集合,用 X_k 表示。

這裡所說的狀態是具體的屬於某階段的,它應具備下面的性質:如果某階段狀態給定后,則在這個階段以后過程的發展不受這個階段以前各階段狀態的影響。換句話說,過程的過去只能通過當前的狀態去影響它未來的發展,當前的狀態是以往歷史的總結,這個性質稱為無后效性,也稱馬爾可夫(Markov)性。

(3) 決策、決策變量

當一個階段的狀態確定后,可以做出各種選擇從而演變到下一階段的某個狀態,這種選擇手段稱為決策。描述決策的變量稱為決策變量,簡稱決策,用 $u_k(x_k)$ 表示。決策變量取值範圍稱為允許決策集合,用 U_k 表示。

(4) 策略、最優策略

決策組成的序列稱為策略。由初始狀態 x_1 開始的全過程的策略記作 $p_{1n}(x_1)$,即:
$p_{1n}(x_1) = \{u_1(x_1), u_2(x_2), \cdots, u_n(x_n)\}$
由第 k 階段的狀態 x_k 開始到終止狀態的后部子過程的策略記作 $p_{kn}(x_k)$,即:
$p_{kn}(x_k) = \{u_k(x_k), \cdots, u_n(x_n)\}$,$k = 1, 2, \cdots, n - 1$

2. 最　性原理

動態規劃的理論基礎叫作動態規劃的最優化原理,Bellman 在 1957 年出版的著作《*Dynamic programming*》中是這樣描述的:

「作為整個過程的最優策略具有這樣的性質:不管該最優策略上某狀態以前的狀態和決策如何,對該狀態而言,餘下的諸決策必構成最優子策略。」

即:最優策略的任一子策略都是最優的。

於是,整體尋優從邊界條件開始,逐段遞推局部尋優,在每一個子問題的求解中,均利用了它前面的子問題的最優化結果,依次進行,最后一個子問題所得的最優解,就是整個問題的最優解。

3. 基本方程

(1) 狀態轉移方程

在確定性過程中,一旦某階段的狀態和決策為已知,下一個階段的狀態便完全確定。用狀態轉移方程表示這種演變規律,記為:
$x_{k+1} = T_k(x_k, u_k)$,$k = 1, 2, \cdots, n$

(2) 階段指標

階段效益是衡量系統階段決策結果的一種數量指標,在第 j 階段的階段指標取決於狀態 x_j 和決策 u_j,用 $v_j(x_j, u_j)$ 表示。

(3) 指標函數

指標函數是衡量過程優劣的數量指標,它是定義在全過程和所有后部子過程上的數量函數,用 $V_{kn}(x_k, u_k, x_{k+1}, \cdots, x_{n+1})$ 表示,$k = 1, 2, \cdots, n$。

指標函數應具有可分離性，即 V_{kn} 可表示為 x_k, u_k, $V_{k+1\,n}$ 的函數，記為：
$$V_{kn}(x_k,\ u_k,\ x_{k+1},\ \cdots,\ x_{n+1}) = \varphi_k(x_k,\ u_k,\ V_{k+1n}(x_{k+1},\ u_{k+1},\ x_{k+2}\cdots,\ x_{n+1}))$$
並且函數 φ_k 對於變量 $V_{k+1\,n}$ 是嚴格單調的。

指標函數由 $v_j(j=1,\ 2,\ \cdots,\ n)$ 組成，常見的形式有：階段指標之和，即
$$V_{kn}(x_k,\ u_k,\ x_{k+1},\ \cdots,\ x_{n+1}) = \sum_{j=k}^{n} v_j(x_j,\ u_j)$$

階段指標之積，即
$$V_{kn}(x_k,\ u_k,\ x_{k+1},\ \cdots,\ x_{n+1}) = \prod_{j=k}^{n} v_j(x_j,\ u_j)$$

階段指標之極大（或極小），即
$$V_{kn}(x_k,\ u_k,\ x_{k+1},\ \cdots,\ x_{n+1}) = \max_{k \le j \le n}(\min) v_j(x_j,\ u_j)$$

這些形式下第 k 到第 j 階段子過程的指標函數為 $V_{kj}(x_k,\ u_k,\ x_{k+1}\cdots,\ x_{j+1})$。

根據狀態轉移方程、指標函數 V_{kn} 還可以表示為狀態 x_k 和策略 p_{kn} 的函數，即 $V_{kn}(x_k,\ p_{kn})$。

（4）最優值函數

指標函數的最優值，稱為最優值函數。在 x_k 給定時指標函數 V_{kn} 對 p_{kn} 的最優值函數，記為 $f_k(x_k)$，即
$$f_k(x_k) = \operatorname*{opt}_{p_{kn} \in P_{kn}(x_k)} V_{kn}(x_k,\ p_{kn})$$

其中，opt 可根據具體情況取 max 或 min。

（5）遞推方程

動態規劃遞歸方程是動態規劃的最優性原理的基礎，即最優策略的子策略，構成最優子策略。遞歸方程如下：

$$\begin{cases} f_{n+1}(x_{n+1}) = 0 \text{ 或 } 1 \\ f_k(x_k) = \operatorname*{opt}_{u_k \in U_k(x_k)} \{v_k(x_k,\ u_k) \otimes f_{k+1}(x_{k+1})\},\ k = n,\ \cdots,\ 1 \end{cases}$$

其中：$f_{n+1}(x_{k+1})$ 為邊界條件，當 $\otimes$ 為加法時取 $f_{n+1}(x_{k+1}) = 0$；當 $\otimes$ 為乘法時，取 $f_{n+1}(x_{k+1}) = 1$。

這種遞推關係稱為動態規劃的基本方程，這種解法稱為逆序解法。

三、模型應用

例 12.2　最短路問題

下面是一個線路網，連線上的數字表示兩點之間的距離。試尋求一條由 A 到 F 距離最短的路線。

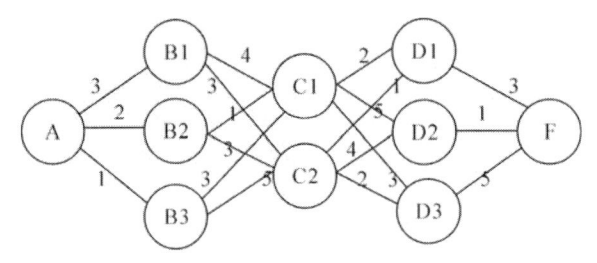

圖 12-3　線路網圖例

解　此問題可使用窮舉法、圖論方法等求解，現在我們使用動態規劃求解。求解過程分為 4 個階段。

狀態變量：選取每一步所處的位置為狀態變量，記為 x_k。

決策變量：取處於狀態 x_k 時，下一步所要到達的位置，記為 $u_k(x_k)$。

目標函數：最優值函數 $f(x_k)$ 為 $x_k \to F$ 的最短路長，目標求 $f(A)$。

狀態轉移方程：$\begin{cases} f(x_k) = \min\limits_{u_k(x_k)}(d(x_k, u_k(x_k)) + f(x_{k+1})) \\ f(x_5) = 0 \end{cases}$

其中：$u_k(x_k) = x_{k+1}$，$d(x_k, u_k(x_k)) = d(x_k, x_{k+1})$

使用逆推方法：

利用這個模型可以計算出最優路徑為：$AB_1C_1D_2E_1F$、$AB_2C_2D_1E_1F$，最短距離為 19。

例 12.3　運輸問題

某運輸公司擁有 500 輛卡車，計劃使用卡車時間 5 年。卡車使用分超負荷運行、低負荷運行兩種形式。超負荷運行時卡車年利潤為 25 萬元/輛，但容易損壞，損壞率為 0.3，低負荷運行時卡車年利潤為 16 萬元/輛，損壞率為 0.1。每年年初分配卡車。

問：怎樣卡車分配（超、低）負荷，使總利潤最大。

解　使用動態規劃求解。

分 5 個階段，$k = 1, 2, 3, 4, 5$

狀態變量 x_k：卡車完好的數量

決策變量 u_k：超負荷→數量

　　　　　　　低負荷：$x_k - u_k$

狀態轉移方程：$x_{k+1} = (1 - 0.3)u_k + (1 - 0.1)(x_k - u_k) = 0.9x_k - 0.2u_k$

階段效益：$v_k(x_k, u_k) = 25u_k + 16(x_k - u_k) = 16x_k + 9u_k$

第 k 年度至 5 年末採用最優策略時產生的最大利潤：

$\begin{cases} f_k(x_k) = \min\limits_{u_k(x_k)}(v(x_k, u_k) + f_{k+1}(x_{k+1})) \\ f_6(x_6) = 0 \end{cases}$

當 $k = 5$ 時，

$f_5(x_5) = \max\{v_5(x_5, u_5) + f_6(x_6)\}$，$(0 \leq u_5 \leq x_5)$

　　　　 $= \max\{16x_5 + 9u_5\}$

最優決策為 $u_5* = x_5$

最優值函數為 $f_5(x_5) = 25x_5$

當 $k = 4$ 時，
$$f_4(x_4) = \max\{v_4(x_4, u_4) + f_5(x_5)\}, \quad (0 \leq u_4 \leq x_4)$$
$$= \max\{38.5x_4 + 4u_4\}\}$$

有：$u_4* = x_4$，$f_4(x_4) = 42.5x_4$

當 $k = 3$ 時，
$$f_3(x_3) = \max\{v_3(x_3, u_3) + f_4(x_4)\}, \quad (0 \leq u_3 \leq x_3)$$
$$= \max\{54.5x_3 + 0.5u_3\}\}$$

有：$u_3* = x_3$，$f_3(x_3) = 54.75x_3$

當 $k = 2$ 時，
$$f_2(x_2) = \max\{v_2(x_2, u_2) + f_3(x_3)\}, \quad (0 \leq u_2 \leq x_2)$$
$$= \max\{65.275x_2 - 1.95u_2\}\}$$

有：$u_2* = 0$，$f_2(x_2) = 65.275x_2$

當 $k = 1$ 時，
$$f_1(x_1) = \max\{v_1(x_1, u_1) + f_2(x_2)\}, \quad (0 \leq u_1 \leq x_1)$$
$$= \max\{74.7475x_1 - 4.005u_1\}\}$$

有：$u_1* = 0$，$f_1(x_1) = 74.7475x_1$

而：$x_1 = 500$

$f_1(x_1) = 37373.75$（萬元）≈ 3.74（億元）

$p_{15}(x_1) = \{u_1*, u_2*, u_3*, u_4*, u_5*\} = \{0, 0, x_3, x_4, x_5\}$

由：$x_{k+1} = 0.9x_k - 0.2u_k$

得：

$x_2 = 0.9x_1 - 0.2u_1* = 450$（輛），$u_2* = 0$

$x_3 = 0.9x_2 - 0.2u_2* = 405$（輛），$u_3* = 405$

$x_4 = 0.9x_3 - 0.2u_3* = 283.5$（輛），$u_4* = 283.5$

$x_5 = 0.9x_4 - 0.2u_4* = 198.45$（輛），$u_5* = 198.45$

$x_6 = 0.9x_5 - 0.2u_5* = 138.15$（輛）

於是得到：5 年末尚餘好車 138 輛。

例 12.4 生產計劃問題

工廠生產某種產品，每千件的成本為 1 千元，每次開工的固定成本為 3 千元，工廠每季度的最大生產能力為 6 千件。經調查，市場對該產品的需求量第一、二、三、四季度分別為 2 千件、3 千件、2 千件、4 千件。如果工廠在第一季度、第二季度將全年的需求都生產出來，自然可以降低成本（少付固定成本費），但是對於第三季度、第四季度才能上市的產品需付存儲費，每季度每千件的存儲費為 0.5 千元。還規定年初和年末這種產品均無庫存。試製訂一個生產計劃，即安排每個季度的產量，使一年的總費用（生產成本和存儲費）最少。

解 階段按計劃時間自然劃分，狀態定義為每階段開始時的儲存量 x_k，決策為每

個階段的產量 u_k，記每個階段的需求量（已知量）為 d_k，則狀態轉移方程為：

$$x_{k+1} = x_k + u_k - d_k, \quad x_k \geq 0, \quad k = 1, 2, \cdots, n.$$

設每階段開工的固定成本費為 a，生產單位數量產品的成本費為 b，每階段單位數量產品的儲存費為 c，階段指標為階段的生產成本和儲存費之和，即：

$$v_k(x_k, u_k) = cx_k + \begin{cases} a + bu_k, & u_k > 0 \\ 0 \end{cases}$$

指標函數 V_{kn} 為 v_k 之和。最優值函數 $f_k(x_k)$ 為從第 k 段的狀態 x_k 出發到過程終結的最小費用，滿足：

$$f_k(x_k) = \min_{u_k \in U_k}[v_k(x_k, u_k) + f_{k+1}(x_{k+1})], \quad k = n, \cdots, 1.$$

其中，允許決策集合 U_k 由每階段的最大生產能力決定。若設過程終結時允許存儲量為 x_{n+1}^0，則終端條件是：

$$f_{n+1}(x_{n+1}^0) = 0.$$

構成該問題的動態規劃模型。

具體求解請讀者代入變量，遞推得到。

習題十二

1. 小李考研填報志願：使用層次分析法進行決策。

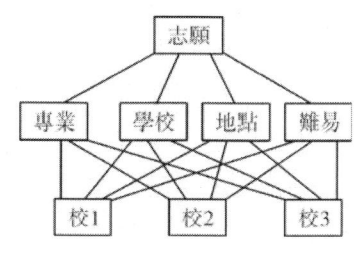

圖 12-4　填報志願的層次結構圖

小李給出準則的兩兩比較矩陣為：

$$A = \begin{pmatrix} 1 & 2 & 4 & 2 \\ 1/2 & 1 & 3 & 2 \\ 1/4 & 1/3 & 1 & 1/3 \\ 1/2 & 1/2 & 3 & 1 \end{pmatrix}$$

預選的 3 個學校對專業、學校、地點、難易的兩兩比較矩陣分別為：

$$B1 = \begin{pmatrix} 1 & 4 & 6 \\ 1/4 & 1 & 2 \\ 1/6 & 1/2 & 1 \end{pmatrix}, \quad B2 = \begin{pmatrix} 1 & 2 & 3 \\ 1/2 & 1 & 2 \\ 1/3 & 1/2 & 1 \end{pmatrix}, \quad B3 = \begin{pmatrix} 1 & 8 & 1 \\ 1/8 & 1 & 1/9 \\ 1 & 9 & 1 \end{pmatrix},$$

$$B4 = \begin{pmatrix} 1 & 2 & 4 \\ 1/2 & 1 & 3 \\ 1/4 & 1/3 & 1 \end{pmatrix}$$

請你為小李決策。

2. 使用 MATLAB 編程的模擬計算隨機一致性指標另一個程序代碼為 c04.m，運行結果與 c03.m 的運行結果略有差異，試分析原因。

3. 用動態規劃解下面問題：

(1) $\max\ z = 4x_1 + 9x_2 + 2x_3^2$
$\begin{cases} x_1 + x_2 + x_3 = 10 \\ x_i \geq 0;\ i = 1,\ 2,\ 3 \end{cases}$

(2) $\max\ z = 4x_1 + 9x_2 + 2x_3^2$
$\begin{cases} x_1 + x_2 + x_3 = 10 \\ x_i \geq 0 \text{ 是整數};\ i = 1,\ 2,\ 3 \end{cases}$

4. 源分配

某市電信局有四套設備，準備分給甲、乙、丙三個支局，各支局的收益見表 12-2。

表 12-2　　　　　　甲、乙、丙各支局的收益情況表　　　　　　單位：萬元

設備數	0	1	2	3	4
甲	38	41	48	60	66
乙	40	42	50	60	66
丙	48	64	68	78	78

使用動態規劃求解：應如何分配，使總收益最大？

附錄　西南財經大學校內競賽賽題

2004 年　開放式基金的投資問題

　　某開放式基金現有總額為 15 億元的資金可用於投資，目前共有 8 個項目可供投資者選擇。每個項目可以重複投資，根據專家經驗，對某個項目投資總額不能太高，且有個上限。這些項目所需要的投資額已經知道，在一般情況下，投資一年後各項目所得利潤也可估計出來，見表 1。

表 1　　　　　　　　投資項目所需資金及預計一年後所得利潤　　　　　　　單位：萬元

項目編號	A_1	A_2	A_3	A_4	A_5	A_6	A_7	A_8
投資額	6 700	6 600	4 850	5 500	5 800	4 200	4 600	4 500
預計利潤	1 139	1 056	727.5	1 265	1 160	714	1 840	1 575
上限	34 000	27 000	30 000	22 000	30 000	23 000	25 000	23 000

　　請幫助該公司解決以下問題：
　　一、就表 1 提供的數據，試問應該選取哪些項目進行投資，使得第一年所得利潤最大？
　　二、在具體對這些項目投資時，實際還會出現項目之間相互影響等情況。公司在諮詢了有關專家後，得到如下可靠信息：
　　（1）如果同時對第 1 個項目和第 3 個項目投資，他們的預計利潤分別為 1 005 萬元和 1 018.5 萬元；
　　（2）如果同時對第 4、5 個項目投資，他們的預計利潤分別為 1 045 萬元和 1 276 萬元；
　　（3）如果同時對第 2、6、7、8 個項目投資，他們的預計利潤分別為 1 353 萬元、840 萬元、1 610 萬元、1 350 萬元；
　　（4）如果考慮投資風險，則應該如何投資使得收益盡可能大，而風險盡可能小。投資項目總風險可用所投資項目中最大的一個風險來衡量。專家預測出的投資項目 A_i 的風險損失率為 q_i，數據見表 2。

表 2　　　　　　　　　　投資項目的風險損失率

風險損失率 \ 項目編號	A_1	A_2	A_3	A_4	A_5	A_6	A_7	A_8
q_i（％）	32	15.5	23	31	35	6.5	42	35

由於專家的經驗具有較高的可信度，公司決策層需要知道以下問題的結果：

1. 如果將專家的前 3 條信息考慮進來，該基金該如何進行投資呢？
2. 如果將專家的 4 條信息都考慮進來，該基金又應該如何決策？
3. 開放式基金一般要保留適量的現金，降低客戶無法兌付現金的風險。

在這種情況下，將專家 4 條信息都考慮進來，那麼基金該如何決策，使得盡可能的降低風險，而一年后所得利潤盡可能多？

2005 年　分類與識別

眾所周知，全世界幾乎沒有兩個人的指紋會完全一樣，因此通常用指紋作為人的識別特徵。進一步，我們常把可以用來唯一標示事物的特徵稱為指紋特徵。

在許多科學研究領域，人們在無法完全認識研究對象的每一個細微結構時，會轉向從整體上對它進行分析。通過測得食品或藥物的指紋圖譜，然后從宏觀上進行分類與識別已成為該領域前沿研究方法。

作為研究指紋圖譜的嘗試，提出以下對指紋圖譜進行分類的問題。

(1) 現在我們用某種方法得到三類已知物品的指紋圖譜，其中標號 1～3 為 A 類，4～6 為 B 類，7～9 為 C 類。請從中提取特徵，構造分類方法，並用這些已知類別的指紋圖譜，衡量你的方法是否足夠好。然后用你認為滿意的方法，對另外 5 個未標明類別的指紋圖譜（標號 10～14）進行分類，把結果用序號（按從小到大的順序）標明它們的類別（無法分類的不寫入）：

A 類 _____；B 類 _____；C 類 _____。

請詳細描述你的方法，給出計算程序。如果你部分地使用了現成的分類方法，也要將方法名稱準確註明。

這 14 個指紋圖譜的數據以 TXT 的格式提供，在 sample 文件夾中。

(2) 在 test 文件夾中給出了 14 個其他類的指紋圖譜。用你的分類方法對它們進行分類，給出分類結果。

提示：衡量分類方法優劣的標準是分類的正確率，構造分類方法有許多途徑，如提取指紋圖譜的某些特徵，給出它們的數學表示：幾何空間或向量空間的元素等。然后再選擇或構造適合這種數學表示的分類方法。又如構造概率統計模型，然后用統計方法分類等。

說明：

(1) 每個文件表示一個數據，第一列表示自變量，第二列表示測量值。
(2) sample 目錄為試題問題 (1) 的數據，其中 sample1～3 為 A 類，sample4～6 為 B 類，sample7～9 為 C 類，sample10～14 是需分類的數據。
(3) test 目錄是試題問題 (2) 的數據。
(4) 提交的論文應有完整可執行的程序（優秀文章的程序會被試運行）。

2006 年　組合投資的收益和風險問題

某公司現有數額為 20 億元的一筆資金可作為未來 5 年內的投資資金，市場上有 8 個投資項目（如股票、債券、房地產……）可供公司做投資選擇。

其中項目 1、項目 2 每年年初投資，當年年末回收本利（本金和利潤）；項目 3、項目 4 每年年初投資，要到第二年年末才可回收本利；項目 5、項目 6 每年年初投資，要到第三年年末才可回收本利；項目 7 只能在第二年年初投資，到第五年年末回收本利；項目 8 只能在第三年年初投資，到第五年年末回收本利。

一、公司財務分析人員給出一組實驗數據，見表 1。

試根據實驗數據確定 5 年內如何安排投資？使得第五年年末所得利潤最大？

二、公司財務分析人員收集了 8 個項目近 20 年的投資額與到期利潤數據，發現：在具體對這些項目投資時，實際還會出現項目之間相互影響等情況。

8 個項目獨立投資的往年數據見表 2。

同時對項目 3 和項目 4 投資的往年數據，同時對項目 5 和項目 6 投資的往年數據，同時對項目 5、項目 6 和項目 8 投資的往年數據見表 3。註：同時投資項目是指某年年初投資時同時投資的項目。

試根據往年數據，預測今後五年各項目獨立投資及項目之間相互影響下的投資的到期利潤率、風險損失率。

三、未來 5 年的投資計劃中，還包含一些其他情況。

對投資項目 1，公司管理層爭取到一筆資金捐贈，若在項目 1 中投資超過 20 000 萬元，則同可獲得該筆投資金額的 1% 的捐贈，用於當年對各項目的投資。

項目 5 的投資額固定，為 500 萬元，可重複投資。

各投資項目的投資上限見表 4。

在此種情況下，根據問題二預測結果，確定 5 年內如何安排 20 億元的投資？使得第五年年末所得利潤最大？

四、考慮到投資越分散，總的風險越小，公司確定，當用這筆資金投資若干種項目時，總體風險可用所投資的項目中最大的一個風險來度量。

如果考慮投資風險，問題三的投資問題又應該如何決策？

五、為了降低投資風險，公司可拿一部分資金存銀行。為了獲得更高的收益，公司可在銀行貸款進行投資，在此情況下，公司又應該如何對 5 年的投資進行決策。

附：

表 1　　　　　　　　　　投資項目預計到期利潤率及投資上限

項目	1	2	3	4	5	6	7	8
預計到期利潤率	0.1	0.11	0.25	0.27	0.45	0.5	0.8	0.55
上限（萬元）	60 000	30 000	40 000	30 000	30 000	20 000	40 000	30 000

註：到期利潤率是指對某項目的一次投資中，到期回收利潤與本金的比值

表 2　　　　　各投資項目獨立投資時歷年的投資額及到期利潤　　　　　單位：萬元

項目		1	2	3	4	5	6	7	8
1986 年	投資額	3 003	5 741	4 307	5 755	4 352	3 015	6 977	4 993
	到期利潤	479	126	1 338	910	−7 955	5 586	22 591	8 987
1987 年	投資額	7 232	6 886	5 070	7 929	7 480	5 463	3 041	4 830
	到期利潤	1 211	164	2 210	1 539	5 044	−1 158	6 386	9 398
1988 年	投資額	3 345	5 659	6 665	7 513	5 978	4 558	5 055	4 501
	到期利潤	507	629	2 540	1 233	−3 608	−6 112	36 832	10 355
1989 年	投資額	5 308	6 272	6 333	6 749	4 034	7 392	6 442	4 092
	到期利潤	787	602	836	1 616	8 081	4 946	16 834	−7 266
1990 年	投資額	4 597	5 294	5 148	5 384	6 220	6 068	6 095	5 270
	到期利潤	711	365	2 765	1 099	22 300	8 319	−19 618	−2 697
1991 年	投資額	4 378	5 095	5 973	7 294	6 916	6 276	7 763	6 335
	到期利潤	756	621	2 549	1 559	5 130	−9 028	22 230	2 733
1992 年	投資額	6 486	7 821	4 449	5 586	5 812	6 577	6 276	5 848
	到期利潤	846	935	1 078	1 006	9 358	1 318	−59 901	24 709
1993 年	投資額	6 974	3 393	4 268	5 414	5 589	4 472	6 863	3 570
	到期利潤	1 489	593	1 955	1 740	9 207	4 237	38 552	14 511
1994 年	投資額	4 116	4 618	5 474	6 473	5 073	6 345	6 866	3 044
	到期利潤	353	749	2 041	1 548	7 044	−2 291	−39 691	4 570
1995 年	投資額	7 403	5 033	6 859	6 707	5 377	4 783	5 202	6 355
	到期利潤	1 117	911	1 392	1 168	7 488	1 464	70 314	19 245
1996 年	投資額	4 237	4 996	5 603	5 597	5 231	4 181	6 830	5 018
	到期利潤	571	964	3 077	1 881	7 209	5 721	−21 568	5 075
1997 年	投資額	3 051	5 707	4 877	3 844	7 434	4 222	5 370	5 960
	到期利潤	449	868	1 138	1 131	5 196	3 173	99 069	14 864
1998 年	投資額	7 574	5 052	5 460	3 681	7 936	7 745	6 391	3 861
	到期利潤	1 396	958	1 372	1 221	5 849	10 740	−27 334	−4 626

表2(續)

項目		1	2	3	4	5	6	7	8
1999年	投資額	3 510	5 870	5 697	5 701	3 898	7 216	5 135	4 218
	到期利潤	364	1 089	1 456	1 757	−629	10 770	−24 878	−5 786
2000年	投資額	6 879	7 396	5 516	5 623	7 471	5 501	3 174	4 210
	到期利潤	994	1 558	2 864	1 461	7 769	7 151	8 981	21 833
2001年	投資額	3 511	4 780	6 255	6 925	6 598	6 043	4 862	7 988
	到期利潤	638	1 175	3 230	2 223	8 020	7 916	−46 712	21 357
2002年	投資額	3 660	7 741	4 315	4 379	7 120	6 131	3 661	5 393
	到期利潤	538	1 527	1 155	1 494	4 616	6 411	64 239	−11 538
2003年	投資額	4 486	4 756	3 871	5 529	5 807	5 576		3 029
	到期利潤	466	862	1 022	2 046	5 395	6 178		11 819
2004年	投資額	7 280	7 312	6 471	7 760				
	到期利潤	1 389	1 319	2 060	3 227				
2005年	投資額	3 082	5 083						
	到期利潤	403	787						

表3　　　　一些投資項目同時投資時歷年的投資額及到期利潤　　　　單位：萬元

項目		同時投資項目3、4		同時投資項目5、6		同時投資項目5、6、8		
		3	4	5	6	5	6	8
1986年	投資額	4 307	5 755	4 352	3 015	4 352	3 015	4 993
	到期利潤	1 026	2 686	1 442	2 634	6 678	2 542	−3 145
1987年	投資額	5 070	7 929	7 480	5 463	7 480	5 463	4 830
	到期利潤	2 188	3 558	3 009	2 935	−3 861	15 120	13 270
1988年	投資額	6 665	7 513	5 978	4 558	5 978	4 558	4 501
	到期利潤	3 272	3 222	443	14 400	4 794	1 884	−3 356
1989年	投資額	6 333	6 749	4 034	7 392	4 034	7 392	4 092
	到期利潤	2 050	2 778	344	4 473	3 002	1 549	10 820
1990年	投資額	5 148	5 384	6 220	6 068	6 220	6 068	5 270
	到期利潤	1 513	2 533	601	−6 448	−852	−4 651	−1 593
1991年	投資額	5 973	7 294	6 916	6 276	6 916	6 276	6 335
	到期利潤	2 733	3 542	10 300	9 217	20 610	5 595	7 283
1992年	投資額	4 449	5 586	5 812	6 577	5 812	6 577	5 848
	到期利潤	3 005	2 448	318	1 087	4 750	−179	14 000

表3(續)

項目		同時投資項目 3、4		同時投資項目 5、6		同時投資項目 5、6、8		
		3	4	5	6	5	6	8
1993 年	投資額	4 268	5 414	5 589	4 472	5 589	4 472	3 570
	到期利潤	2 015	2 609	5 168	-2 930	3 170	-235	14 460
1994 年	投資額	5 474	6 473	5 073	6 345	5 073	6 345	3 044
	到期利潤	1 782	2 969	-981	2 413	7 304	19 090	7 065
1995 年	投資額	6 859	6 707	5 377	4 783	5 377	4 783	6 355
	到期利潤	3 701	2 636	6 695	52	3 795	2 029	10 510
1996 年	投資額	5 603	5 597	5 231	4 181	5 231	4 181	5 018
	到期利潤	3 581	1 809	952	844	-2 671	6 334	12 970
1997 年	投資額	4 877	3 844	7 434	4 222	7 434	4 222	5 960
	到期利潤	1 510	1 724	-124	8 984	-4 299	3 307	10 170
1998 年	投資額	5 460	3 681	7 936	7 745	7 936	7 745	3 861
	到期利潤	3 996	1 450	7 717	2 803	8 062	6 753	10 050
1999 年	投資額	5 697	5 701	3 898	7 216	3 898	7 216	4 218
	到期利潤	3 204	2 488	7 598	-4 722	-968	14 900	-2 294
2000 年	投資額	5 516	5 623	7 471	5 501	7 471	5 501	4 210
	到期利潤	1 454	2 199	7 518	9 321	6 580	2 131	10 060
2001 年	投資額	6 255	6 925	6 598	6 043	6 598	6 043	7 988
	到期利潤	3 258	2 646	8 671	-6 551	11 460	-4 521	-8 039
2002 年	投資額	4 315	4 379	7 120	6 131	7 120	6 131	5 393
	到期利潤	2 661	1 984	2 029	20 300	4 379	1 035	4 456
2003 年	投資額	3 871	5 529	5 807	5 576	5 807	5 576	3 029
	到期利潤	1 800	2 443	7 424	8 639	12 680	5 112	2 154
2004 年	投資額	6 471	7 760					
	到期利潤	3 047	3 682					
2005 年	投資額							
	到期利潤							

表4　　　　　　　　　　各投資項目的投資上限

項目	1	2	3	4	5	6	7	8
上限（萬元）	60 000	60 000	35 000	30 000	30 000	40 000	30 000	30 000

228

2007 水電站的生產計劃問題

已知某地有兩個水庫及兩個水電站，位置如下圖所示：

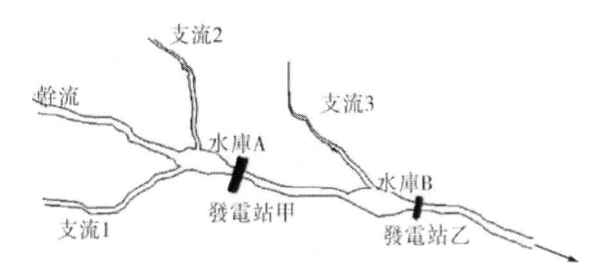

已知發電站甲可以將水庫 A 的 1 萬立方米的水轉換為 20 萬千瓦時電能，發電站乙由於設備比較陳舊，只能將 1 萬立方米的水轉換為 10 萬千瓦時電能。甲、乙兩個發電站每月的最大發電能力分別是 12 000 萬千瓦時、8 000 萬千瓦時。每月最多有 9 000 萬千瓦時電能以 2 000 元/萬千瓦時的價格出售，超出的部分只能以 1 200 元/萬度的價格出售。

兩個水庫的有關數據見表 1。

表 1　　　　　　　　　　　　　　　　　　　　　　　　　　　　　單位：萬立方米

	水庫 A	水庫 B
水庫最大儲水量	3 000	2 100
水庫最小儲水量	2 200	1 300
水庫初始儲水量	2 300	1 400

若河流的干流和支流三個月的預測數據表 2。

表 2　　　　　　　　　　　　　　　　　　　　　　　　　　　　　單位：萬立方米

	本月流量	下月流量	第三月流量
干流	400	250	200
支流 1	100	80	65
支流 2	120	105	80
支流 3	75	60	50

1. 請根據上面的數據制訂三個月的發電計劃；
2. 現已知該河流的干流及三條支流從 1977 年到 2006 年 30 年每月的流量數據，請根據這些數據預測 2007 年干流及三條支流每月的流量。
3. 如果某月干流、支流 1 和支流 2 的總流量大於 500 萬立方米時，根據防洪需要，

其前一個月水庫 A、B 的最大儲水量應該分別降低到 2 500 萬立方米和 1 600 萬立方米。請根據預測值制訂 2007 年每月的發電計劃。（水庫相關數據見表 1）

4. 如果發電機組每年都應該檢修，檢修時間可以在任意的一個月，檢修的當月最大發電量會減少 50%，但檢修後每月最大發電量會增加 10%。請給出電站 2007 年的檢修計劃。

5. 發電站乙的設備比較陳舊了，如果更換設備就可以達到和甲一樣的發電能力。試討論更換設備的條件及方案。

2008 年　中國股市若幹問題分析

股市是股票市場或股票交易市場的簡稱，也稱為二級市場或次級市場，是股票發行和流通的場所，也可以說是指對已發行的股票進行買賣和轉讓的場所。在中國，滬深股市是從一個地方股市發展而成為全國性的股市的，1990 年 12 月正式營業。以上證為例，有 A 股、S 股、ST 股等，其中 A 股也稱為人民幣普通股票、流通股、社會公眾股、普通股，以人民幣認購和交易。A 股不是實物股票，以無紙化電子記帳，實行「T+1」交割制度，有漲跌幅（10%）限制，參與投資者為中國大陸機構或個人，目前已發展到 853 家。

（問題一）中國股市存在過度投機的現象。小李 2007 年年初有現金一萬元，準備進入股市，購買上證 A 股。

上證 A 股：2007 年 1 月 4 日—2008 年 4 月 11 日的部分數據見文件：

dataopn. txt　datahi. txt　datalo. txt　datacls. txt

假設小李有超凡的預測能力，請你分析：

1. 若小李 2007 年 11 月 1 日進入股市，只在浦發銀行、中國聯通、萬通地產、四川長虹、中國石油 5 只股票中進行投資選擇。請問：至 2008 年 4 月 11 日小李最多獲利多少，資金增長多少倍，採用何種投資策略？

2. 若小李 2007 年第一個交易日 1 月 4 日進入股市，可在所有 853 只股票中進行投資選擇。請問：至 2008 年 4 月 11 日小李最多獲利多少，資金增長多少倍，採用何種投資策略？

（問題二）許多股票在市場中的表現是相似的，可以按不同方法進行分類。

試根據上證 A 股 2007 年 1 月 4 日—2008 年 4 月 11 日的數據：

3. 找出表現最好的 6 只股票、表現最差的 6 只股票、漲跌震盪幅度最大的 6 只股票、漲跌震盪幅度最小的 6 只股票。

4. 對 853 只股票進行分類，並與現有的各種板塊分類比較。

（問題三）中國股市「泡沫」現象一直是許多學者關注的問題，股市「泡沫」就是指股票的價格背離了股票價值的一種現象。

可通過對股票的各種財務數據分析，如發行、交易、公司業績、股利分配等方面數據，近似地推算出股票的股票價值。

部分數據可在西南財經大學校圖書館的數據庫中查到 CSMAR 系列研究數據。

5. 試根據浦發銀行、中國聯通、萬通地產、四川長虹、中國石油 5 只股票的各類數據，討論這 5 只股票目前的價值，並由此說明中國股市目前是否仍存在「泡沫」現象。

2009 年　家庭理財

個人理財是指根據個人財務狀況，建立合理的個人財務規劃，並適當參與投資活動。

小李與小張 2002 年元旦舉行結婚典禮，婚後由於沒有積蓄，於是開始進行家庭理財，其家庭收入與支出情況見附錄 1。

一、基本收支分析

夫婦倆結婚至今（2009 年 4 月 20 日）的純收入（稅後收入）總共為多少？總共花費多少？若不進行理財，夫婦倆目前（2009 年 4 月 20 日）的資金結餘為多少？

二、若小李夫婦只在銀行存款，存款利率見附錄 2。

1. 分析求解夫婦倆最佳存款方式，目前小李夫婦擁有的資金（此時為現金及銀行存款之和）最多為多少？

註：存款未到期時，存款現值＝本金＋預提利息

2. 若小李夫婦單筆定期存款以萬元為單位（即萬元的整數倍，存款可為 2 萬元，但不能為 2 萬 1 千元）。分析求解夫婦倆最佳存款方式，並給出存款的時間、存款類型及存款金額，以及目前小李夫婦擁有的資金（此時為現金及銀行存款之和）最多為多少？

3. 在單筆定期存款以萬元為單位的條件下，小李夫婦希望在未來幾年內能使用自有資金（不借款、貸款）購買一套自己的住房，房屋大小在 120 平方米左右，夫婦倆打算居住的區域在幾年內的房價大致穩定在每平方米 8 千元左右。小李夫婦最早何時能購買住房？

三、若小李夫婦將所有的資金結餘用來炒股。

2002—2009 年上證 A 股 882 只股票日數據見 data2009.rar。

夫婦倆的炒股策略為：

①當股價向下突破 BOLL 線下軌後，從 BOLL 線下方返回 BOLL 線下軌之上時，買入股票；

②當股價向上突破 BOLL 線上軌後，從 BOLL 線上方向下突破 BOLL 線上軌時，賣出股票；

③若多種股票股價符合買入行情，則選擇一種返回 BOLL 線下軌之上相對較多的股票買入。

1. 分析評判小李夫婦股票投資的效果。

2. 估計夫婦倆目前擁有的資金（此時為現金、股票價值）為多少？

3. 估計小李夫婦最早何時能購買住房？偏差會有多大？

四、是否有更好的炒股策略？若有，請用上述數據驗證。

附錄 1　　　　　　　　　　小李與小張夫婦家庭收入與支出情況

1. 家庭收入

(1) 月收入如下表所示：

單位：元/月

	2002 年	2003 年	2004 年	2005 年	2006 年	2007 年	2008 年	2009 年
小李	3 216	3 312	3 536	3 678	3 850	4 012	4 297	4 501
小張	2 515	2 695	2 695	2 875	2 875	3 055	3 055	3 235

(2) 年終獎金（每年元月發放）如下表所示：

單位：千元

	2002 年	2003 年	2004 年	2005 年	2006 年	2007 年	2008 年	2009 年
小李	53	50	65	72	69	78	91	92
小張	18	21	19	24	23	23	26	27

(3) 其他收入

單位：元

	時間	2002.6	2002.12	2003.1	2003.9	2003.12	2004.1	2004.1	2004.7
小李	收入	1 025	980	500	1 080	1 069	500	1 150	1 085
	時間	2005.7	2005.11	2006.6	2006.7	2006.10	2006.12	2007.1	2007.5
	收入	1 292	1 267	1 575	1 303	200	300	300	1 673
	時間	2007.8	2008.9	2008.11	2008.11	2009.1			
	收入	1 614	1 901	1 990	600	2 342			
小張	時間	2002.1	2002.9	2003.1	2003.9	2004.1	2004.9	2005.1	2005.9
	收入	1 000	1 000	1 000	1 000	1 000	1 000	1 000	1 000
	時間	2006.1	2006.9	2007.1	2007.9	2008.1	2008.9	2009.1	
	收入	1 000	1 000	1 000	1 000	1 000	1 000	1 000	

註：以上收入為稅前收入，稅收政策近幾年有變化

2. 家庭支出

(1) 每月要保留 5 000 元左右的現金或活期存款。

(2) 2002 年的家庭每月的一般開支大約為 4 000 元，每年家庭一般開支增長 5%。

(3) 2005 年 8 月利用家庭自有資金購買了一輛價格為 14 萬元的小汽車。

(4) 購買小汽車后每月開支增加 1 200 元。

附錄 2　　　　　　　金融機構人民幣存款基準利率歷史數據

調整時間	活期存款	定期存款					
		三個月	半年	一年	二年	三年	五年
1990.04.15	2.88	6.30	7.74	10.08	10.98	11.88	13.68
1990.08.21	2.16	4.32	6.48	8.64	9.36	10.08	11.52
1991.04.21	1.80	3.24	5.40	7.56	7.92	8.28	9.00
1993.05.15	2.16	4.86	7.20	9.18	9.90	10.80	12.06
1993.07.11	3.15	6.66	9.00	10.98	11.70	12.24	13.86
1996.05.01	2.97	4.86	7.20	9.18	9.90	10.80	12.06
1996.08.23	1.98	3.33	5.40	7.47	7.92	8.28	9.00
1997.10.23	1.71	2.88	4.14	5.67	5.94	6.21	6.66
1998.03.25	1.71	2.88	4.14	5.22	5.58	6.21	6.66
1998.07.01	1.44	2.79	3.96	4.77	4.86	4.95	5.22
1998.12.07	1.44	2.79	3.33	3.78	3.96	4.14	4.50
1999.06.10	0.99	1.98	2.16	2.25	2.43	2.70	2.88
2002.02.21	0.72	1.71	1.89	1.98	2.25	2.52	2.79
2004.10.29	0.72	1.71	2.07	2.25	2.70	3.24	3.60
2006.08.19	0.72	1.80	2.25	2.52	3.06	3.69	4.14
2007.03.18	0.72	1.98	2.43	2.79	3.33	3.96	4.41
2007.05.19	0.72	2.07	2.61	3.06	3.69	4.41	4.95
2007.07.21	0.81	2.34	2.88	3.33	3.96	4.68	5.22
2007.08.22	0.81	2.61	3.15	3.60	4.23	4.95	5.49
2007.09.15	0.81	2.88	3.42	3.87	4.50	5.22	5.76
2007.12.21	0.72	3.33	3.78	4.14	4.68	5.40	5.85
2008.10.09	0.72	3.15	3.51	3.87	4.41	5.13	5.58
2008.10.30	0.72	2.88	3.24	3.60	4.14	4.77	5.13
2008.11.27	0.36	1.98	2.25	2.52	3.06	3.60	3.87
2008.12.23	0.36	1.71	1.98	2.25	2.79	3.33	3.60

註：

(1) 1999 年 11 月 1 日起國家恢復徵收儲蓄 20% 的利息稅，2007 年 8 月 15 日起將儲蓄利息稅由 20% 調減為 5%，2008 年 10 月 9 日起國家取消徵收儲蓄 5% 的利息稅

(2) 定活兩便：按一年以內定期整存整取同檔次利率打 6 折

(3) 存本取息、整存零取、零存整取 1 年、3 年、5 年期利率分別與整存整取三個月、半年、一年期利率相同

2010 年　家庭收入

附件 data.rar 給出了某地區 2 328 個家庭一年收支分月的模擬數據。
一、基尼系數計算
1. 根據數據計算該地區全年人均收入的基尼系數。
2. 最低生活保障制度是調節收入差距的重要手段。已知該地區的最低生活保障金發放的原則如下：

（1）按當月前連續 3 個月內的家庭收入總和計算家庭收入。前 3 個月的人均月收入低於戶籍所在地的最低生活保障標準，且申請當月家庭人均月收入仍低於最低生活保障標準的，該家庭納入最低生活保障，並按申請當月家庭人均月收入低於最低生活保障標準的差額計發保障金。

（2）該地區人均最低生活保障標準為 260 元。

請根據所給數據，計算經過稅收和最低生活保障調節後全年人均收入的基尼系數，並比較前後的結果，給出評價。

二、個人所得稅是指國家對個人獲得的合法收入徵收的稅款。近日，由國家發展和改革委員會修改上報國務院的《關於加強收入分配調節的指導意見及實施細則》初稿中，一些突破性的制度設計理念也首次實質觸及，比如：以家庭為個人所得稅徵收主體，以此降低賦稅，追求「公平、簡化、經濟增長」的政策目標。

請你以附錄 2 328 個家庭一年的收支數據為依據，優化設計「以家庭為納稅人取代個人納稅人、以綜合所得計稅取代所得分類計稅、以人均超額累進稅率取代總額超額累進稅率」的個人所得稅的級數與稅率。

1. 若將現行個人所得稅（按月繳納）稅率表（工資、薪金所得適用）作為以家庭為單位徵稅（按月繳納）稅率表，如何設計個人所得稅的免徵額使收入差距（以基尼系數來度量）最小？2 328 個家庭一年繳納的個人所得稅為多少？

2. 有專家建議「個人所得稅應實行五級超額累進稅率」「最高的邊際稅率不超過35%」「各級邊際稅率應與各級平均收入的開方成正比」。

（1）有人將家庭收入分成「收入排在前 10%的為高收入人群，排在次前 20%的為中高收入人群，……」，這種分法比較粗糙。請根據家庭收入的分佈狀況，將家庭收入分成 5 類，並說明其合理性。

（2）以此來設計個人所得稅的免徵額、級距與邊際稅率使收入差距（以基尼系數來度量）最小？2 328 個家庭一年繳納的個人所得稅為多少？

三、拉動內需不僅是我們目前解決發展問題的一劑良方，也是促進穩定發展、可持續發展的需要。

試通過建立收入與消費、社會保障支出等項目的數量關係，分析各收入階層對拉動內需的貢獻。若國家投入資金提高國民收入，最應該投向收入在哪個區間的家庭。

四、進一步討論以家庭為單位徵收個人所得稅情況：

1. 若僅考慮減少收入差距（以基尼系數來度量），最高的邊際稅率不超過 35%，則：個人所得稅應實行幾級稅率？對應的邊際稅率為多少？

2. 若綜合考察「公平、效率、財政收入」等各個方面，追求「公平、簡化、經濟增長」的政策目標，體現了「寬稅基，低稅率」的原則，達到有利於稅收徵管的目的。則：如何優化設計個人所得稅的免稅額、累進級數、級距和邊際稅率？

說明：數據文件 d1.xls、d2.xls、d3.xls、d4.xls、d5.xls、d6.xls、d7.xls、d8.xls、d9.xls、d10.xls、d11.xls、d12.xls 分別為 2 328 個家庭一年 1~12 月的收支狀況表。

2011 年　水資源短缺風險綜合評價

水資源，是指可供人類直接利用，能夠不斷更新的天然水體，主要包括陸地上的地表水和地下水。

風險，是指某一特定危險情況發生的可能性和后果的組合。

水資源短缺風險，泛指在特定的時空環境條件下，由於來水和用水兩方面存在不確定性，使區域水資源系統發生供水短缺的可能性以及由此產生的損失。

近年來，中國特別是北方地區水資源短缺問題日趨嚴重，水資源成為焦點話題。

以北京市為例，北京是世界上水資源嚴重缺乏的大都市之一，其人均水資源佔有量不足 300 立方米，為全國人均的 1/8、世界人均的 1/30，屬重度缺水地區。附表中所列的數據給出了 1979—2000 年北京市水資源短缺的狀況。北京市水資源短缺已經成為影響和制約首都社會和經濟發展的主要因素。政府採取了一系列措施，如南水北調工程建設、建立污水處理廠、產業結構調整等。但是，氣候變化和經濟社會不斷發展，水資源短缺風險始終存在。如何對水資源風險的主要因子進行識別，對風險造成的危害等級進行劃分，對不同風險因子採取相應的有效措施規避風險或減少其造成的危害，這對社會經濟的穩定、可持續發展戰略的實施具有重要的意義。

《北京統計年鑑2009》及市政統計資料提供了北京市水資源的有關信息。利用這些資料和你自己可獲得的其他資料，討論以下問題：

1. 評價判定北京市水資源短缺風險的主要風險因子是什麼？

影響水資源的因素很多，如氣候條件、水利工程設施、工業污染、農業用水、管理制度、人口規模等。

2. 建立一個數學模型對北京市水資源短缺風險進行綜合評價，做出風險等級劃分並陳述理由。對主要風險因子，如何進行調控，使得風險降低？

3. 對北京市未來兩年水資源的短缺風險進行預測，並提出應對措施。

4. 以北京市水行政主管部門為報告對象，寫一份建議報告。

附表　　　　　　　　1979—2000 年北京市水資源短缺的狀況

年份	總用水量（億立方米）	農業用水（億立方米）	工業用水（億立方米）	第三產業及生活等其他用水（億立方米）	水資源總量（億立方米）
1979	42.92	24.18	14.37	4.37	38.23
1980	50.54	31.83	13.77	4.94	26
1981	48.11	31.6	12.21	4.3	24
1982	47.22	28.81	13.89	4.52	36.6
1983	47.56	31.6	11.24	4.72	34.7
1984	40.05	21.84	14.376	4.017	39.31
1985	31.71	10.12	17.2	4.39	38
1986	36.55	19.46	9.91	7.18	27.03
1987	30.95	9.68	14.01	7.26	38.66
1988	42.43	21.99	14.04	6.4	39.18
1989	44.64	24.42	13.77	6.45	21.55
1990	41.12	21.74	12.34	7.04	35.86
1991	42.03	22.7	11.9	7.43	42.29
1992	46.43	19.94	15.51	10.98	22.44
1993	45.22	20.35	15.28	9.59	19.67
1994	45.87	20.93	14.57	10.37	45.42
1995	44.88	19.33	13.78	11.77	30.34
1996	40.01	18.95	11.76	9.3	45.87
1997	40.32	18.12	11.1	11.1	22.25
1998	40.43	17.39	10.84	12.2	37.7
1999	41.71	18.45	10.56	12.7	14.22
2000	40.4	16.49	10.52	13.39	16.86

註：2000 年以后的數據可以在《北京統計年鑒 2009》上查到

2012 年　車輛調度問題

　　某校有 A、B 兩個校區，因為工作、學習、生活的需要，師生在 A、B 兩校區之間有乘車的需求。

　　1. 在某次會議上，學校租車往返接送參會人員從 A 校區到 B 校區。參會人員數量、車輛類型及費用等已確定（見附錄1）。

（1）最省的租車費用為多少？
（2）最省費用下，有哪幾種租車方式？
2. A、B 兩校區交通網路及車輛運行速度見數據文件（見附錄 2）。試確定 A、B 兩校區車輛的最佳行駛路線及平均行駛時間。
3. 學校目前有運輸公司經營兩校區間日常公共交通，現已收集了近期交通車隊的運行數據（見附錄 3）。
（1）試分析運行數據有哪些規律；
（2）運輸公司調度方案是根據教師的乘車時間與人數來制訂的。若各工作日教師每日乘車的需求（改為時間）是固定的（見附錄 4），請你根據運行數據確定教師在工作日每個班次的乘車人數，以供運輸公司在制定以后數月調度方案時使用。
4. 學校準備購買客車，組建交通車隊以滿足教師兩校區間交通需求。假設：
（1）欲購買的車型已確定（見附錄 5）；
（2）各工作日教師每日乘車的需求是固定的（見附錄 4）；
（3）A、B 兩校區間車輛運行時間固定為平均行駛時間（見附錄 2）。
若不考慮營運成本，請你確定購買方案，使總購價最省。
5. 若學校使用 8 輛客車用於滿足教師兩校區間的交通需求。假設：
（1）8 輛客車的車型及相關數據已確定（見附錄 6）；
（2）各工作日教師每日乘車的需求是固定的（見附錄 4）；
（3）A、B 兩校區間車輛運行時間固定為平均行駛時間（見附錄 2）；
（4）車庫設在 A 校區，客車收班后須停靠在車庫內。
請你確定最佳調度方案，在滿足教師乘車要求的條件下，使該車隊營運成本最低。
6. 事實上，教師及學生每日乘車的需求是隨機的，車輛運行時間是隨機的。如果學校要考慮是否組建交通車隊以滿足教師兩校區間的交通需求，請你分析：
（1）應考慮哪些因素？收集哪些數據？
（2）建立合理決策模型，結合相關數據（見附錄 3、附錄 7），並參考問題 4、5 的結論，估算模型的解，從而得到合理的解決方案。

附錄 1　　　　　　　　參會人員數量、車輛類型及費用表
租車報價

可選車型	I	II	III	IV	
座位數	4	7	34	47	註：包括駕駛員座位
租用半天費用（元）	400	500	1 000	1 200	
租用全天費用（元）	800	1 000	2 000	2 400	
優惠	租 I 型車 3 輛及以上：I 型車租金全部 8 折（租半天算 0.5 輛） 租 II 型車 3 輛及以上：II 型車租金全部 8 折（租半天算 0.5 輛）				

參會人員

參會時間		主席團人員 27 人	其他人員 195 人	註：主席團人員與其他人員可共同乘坐一輛車（Ⅰ、Ⅱ型）
參會時間	只參加上午會議	20	22	註：主席團人員與其他人員可共同乘坐一輛車（Ⅰ、Ⅱ型）
	全天	7	173	
可選車型		Ⅰ、Ⅱ	Ⅰ、Ⅱ、Ⅲ、Ⅳ	

附錄 2　　數據文件：兩校區交通網路及車輛運行速度表.xls（略）

附錄 3　　數據文件：兩校區交通運行調查數據表.xls（略）

附錄 4　　　　　　　　教師乘車固定需求表

A 校區	發車時間	7：30	8：15	9：25	11：45	13：05	15：00	17：15	19：30		
	乘車人數	88	100	24	46	4	44	73	5		
B 校區	發車時間	10：30	11：30	12：25	13：00	16：00	17：15	17：30	17：45	20：30	21：25
	乘車人數	40	10	20	40	33	109	14	26	62	30

附錄 5　　　　　　　　客車報價表

車型	Ⅰ	Ⅱ	Ⅲ	Ⅳ	Ⅴ	Ⅵ
座位數	16	31	35	36	39	47
購車價格	18	30	33	38	45	48

註：座位數包括駕駛員座位；
　　購車應考慮購置稅

附錄 6　　　　　　8 輛客車的車型及相關數據表

車型	Ⅰ	Ⅱ	Ⅲ	Ⅳ	Ⅴ	Ⅵ
座位數（座）	16	31	35	36	39	47
耗油量（升）	15	19	20	20	21	24
數量（輛）	1		6			1
駕駛員費用（元/個來回）	13		15			17

附錄 7　　　　　　部分客車的車型及相關數據表

車型	Ⅰ	Ⅱ	Ⅲ	Ⅳ	Ⅴ	Ⅵ
座位數（座）	16	31	35	36	39	47
購車價格（萬元）	18	30	33	38	45	48
耗油量（升）	15	19	20	20	21	24
駕駛員費用（元/個來回）	13	15	15	15	15	17
車輛養護與保險（萬元/年）	1	1.6	1.7	1.9	2.0	2.3

續上表

車型	I	II	III	IV	V	VI
票價（元/人）	5					
駕駛員基礎工資（元/月）	1 200					

2013 年　貨物配送問題

　　夢想連鎖是一家肉類食品加工與銷售公司，主營：鮮豬肉。

　　公司在全省縣級及以上城鎮設立銷售連鎖店。全省縣級及以上城鎮地理位置及道路連接見數據文件：全省交通網路數據.xlsx。

　　問題：

　　1. 目前公司現有 2 個生產基地、23 家銷售連鎖店，生產基地設在 120 號和 63 號城鎮，為 23 家連鎖店提供鮮豬肉，連鎖店的日銷售量見附錄 1。若運輸成本為 0.45 元/噸·千米，請你為公司設計生產與配送方案，使運輸成本最低。

　　2. 公司收集了近 5 年全省各城鎮的鮮豬肉月度需求數據（見數據文件：各城鎮月度需求數據.txt），請你分析各城鎮需求特徵，並預測未來數年何時全省鮮豬肉需求達到峰值，達到峰值時需求達到前 5 位和后 5 位的城鎮有哪些？

　　3. 通過廣告宣傳等手段，未來幾年公司在全省的市場佔有率可增至 3 成左右（各城鎮對公司產品每日需求預測數據見文件：公司未來各城鎮每日需求預測數據.txt）。調查還發現，公司產品的需求量與銷售量並不完全一致，若在當地（同一城鎮）購買，則這一部分需求量與銷售量相同，若在不足 10 千米的其他城鎮的銷售連鎖店購買，則這一部分需求量只能實現一半（成為公司產品銷售量，由於距離的原因，另一半需求轉向購買其他公司或個體工商戶的產品），而在超過 10 千米的其他城鎮的銷售連鎖店購買，銷售量只能達到需求量的 3 成。於是，公司決定在各城鎮增設銷售連鎖店，基於現有條件、成本等的考慮，原有的 23 家銷售連鎖店銷售能力可在現有銷售量的基礎上上浮 20%，增設的銷售連鎖店銷售能力控制在每日 20~40 噸內，並且要求增設的銷售連鎖店的銷售量必須達到銷售能力的下限。同一城鎮可設立多個銷售連鎖店。

　　請你為公司設計增設銷售連鎖店方案，使全省銷售量達到最大。

　　4. 在增設銷售連鎖店的基礎上，公司決定增加生產基地，地址設立在城鎮所在地，每日產品生產必須達到 250 噸以上，在生產與銷售各環節不能有產品積壓。

　　請你為公司設計生產基地增設方案，使運輸成本最低。

　　5. 公司產品若採用載重 1.5 噸的小貨車從生產基地運往銷售連鎖店，小貨車在高速公路上限速 100 千米/小時（高速公路見附錄 2），在普通公路上限速為 60 千米/小時，銷售連鎖店需要的產品必須當日送達。假設：每日車輛使用時間不超過 8 小時，小貨車裝滿或卸完 1.5 噸的貨物均需要半小時，本市運輸車輛行駛時間可忽略不計。

在公司增設銷售連鎖店、增加生產基地後，為完成每日運輸任務，請你為公司確定小貨車的最小需求量以及各車輛的調運方案。

附錄1　　　　　　　　　　23家連鎖店日銷售量

連鎖店編號	1	2	3	4	5	6	7	8
所在城鎮編號	120	106	63	31	141	10	65	79
日銷售量（千米）	28 733	38 223	21 733	23 947	9 258	8 481	15 570	38 759
連鎖店編號	9	10	11	12	13	14	15	16
所在城鎮編號	1	120	36	27	34	42	94	11
日銷售量（千米）	14 744	32 517	11 503	9 265	451	9 489	12 773	6 103
連鎖店編號	17	18	19	20	21	22	23	
所在城鎮編號	24	63	145	22	16	123	64	
日銷售量（千米）	3 251	28 295	39 653	6 375	14 783	18 081	1 840	

註：省內有三條高速公路，連接的城鎮編號如下：

附錄2

第一條	120　119　13　45　44　43　34　33　31　30　23　21
第二條	120　116　115　112　111　5　62　63　6　66　67　68　69
第三條	120　125　131　130　106　105　104　103　102　97　98

2014年　生產與庫存管理問題

現代造船模式以統籌優化理論為指導，應用成組技術原理，以中間產品為導向組織生產，在空間上分道，時間上有序，實現設計、生產、管理一體化，均衡、連續的總裝化造船。

某造船企業生產某型輪船。

中間產品、最終產品的生產結構見附錄1。其中，A0為最終產品：輪船，A1……A7為中間產品，表中數據表示表示生產一個單位產品Ai（行）需要消耗的產品Aj（列）的數量，如生產一個單位產品A0需要消耗的產品A1的數量為4。註：中間產品不對外銷售。

生產一件產品所需的資源和時間見附錄2。

該企業現有生產資源狀況見附錄3。

1. 在現有資源下，企業工作人員每天工作不超過8小時，設備可不停歇的方式進行生產。

（1）若企業要求均衡連續生產，該產品的最小生產規模是多少？最小生產週期為

多少？

（2）若企業要求均衡連續生產，該企業的最大生產能力為多少？生產資源的浪費為多少？

（3）若企業只要求均衡生產，不要求連續生產，生產週期為一週，請你求出該企業的最大生產能力為多少？生產資源的浪費為多少？

其中：最大生產能力是指生產週期內生產的最終產品的最大數量。均衡生產是指一個週期內生產的產品之間生產與消耗正好匹配。連續生產是指設備不停歇地生產一種固定產品。中間產品有足夠的備件，所以不用考慮產品生產的先後次序關係。

2. 通過調研，得到該企業產品未來一年的市場需求見附錄4。若企業每週生產6天，各周生產的產品數量採用見訂單生產的方式，即周內產量不得超過需求量。產量達不到需求量的部分將丟失銷售機會，即不能推到下一週生產。一週內採取均衡連續生產的方式，周日為設備檢修與原材料進貨時間，不進行生產。各周之間的生產規模可以不相同。

若企業對原材料的進貨與庫存管理方式為：①周日一次性進貨。②若庫存達到能滿足40艘輪船生產的原料數量時，不進貨；否則進貨。原材料的進貨量為：使庫存量正好達到滿足80艘輪船生產的原料數量。

請你在此庫存策略下，求出未來一年企業的年預期銷售量。

3. 在上一問（問題2）條件下，由於該企業的生產資源存在浪費現象，企業決定調整人員和設備的數量。

若人員酬金、設備使用費、產品的銷售價格確定，見附錄5。

請你確定企業保留的人員和設備的數量，使企業效益預期達到最大，並給出企業此時的年預期銷售量。

4. 若該企業每週市場需求是完全隨機的，未來一年銷售量未知，現收集到過去一年該企業產品的部分市場需求見附錄6。該企業在上一問（問題3）保留的人員和設備的數量的基礎上，決定重新確定對原材料的進貨與庫存管理方式。

企業仍採用一週內均衡連續生產的方式，周日為設備檢修與原材料進貨時間，不進行生產。但每個生產週期內可銷售產品數量可以超過銷售量，超過部分在下一期銷售，但超過部分的數量最多為5。每週可銷售產品數量達不到需求量的部分將丟失銷售機會。

人員酬金、設備使用費、產品的銷售價格仍見附錄5。原材料庫存費用、進貨費用見附錄7。

請你優化企業原材料進貨與庫存管理方式，使企業效益預期達到最大，並給出企業此時的年預期銷售量。

附錄1　　　　　　　　中間產品、最終產品的生產結構表　　　　　　單位：件

	A1	A2	A3	A4	A5	A6	A7
A0	4	0	0	5	6	6	0
A1		1	2	0	0	0	0

續上表

	A1	A2	A3	A4	A5	A6	A7
A2			2	0	0	0	1
A3				0	0	0	3
A4					3	0	0
A5						0	5
A6							7

附錄 2　　　　各個產品生產一件所需的資源和時間

	A0	A1	A2	A3	A4	A5	A6	A7
工人（人）	6	2	3	6	2	4	4	1
工程師（人）	1	1	0	1	1	0	1	0
設備（臺）	3	1	1	2	1	2	2	1
時間（小時）	24	16	24	24	72	8	24	8

附錄 3　　　　該企業現有生產資源狀況

工人（人）	工程師（人）	設備（臺）
12 112	1 602	2 012

附錄 4　　　　未來一年該企業產品的市場需求　　　單位：艘/周

54	50	37	36	31	37	41	39	33	38	40	33	30	32	32
47	52	34	35	30	40	38	36	41	60	35	56	48	30	54
28	41	49	40	39	34	53	56	44	41	30	40	58	33	37
36	39	39	38	39	39	37								

附錄 5　　　　人員酬金、設備使用費、產品的銷售價格表

工人（人）	基本工資：600 元/月	每日 8 小時之內：10 元/小時	每日 8 小時之外：20 元/小時，最多加班 6 小時	每週 8 小時之內工作時間總和超過 8×5 = 40 小時：超過部分按每日 8 小時之外計算酬金
工程師（人）	基本工資：2 000 元/月	每日 8 小時之內：15 元/小時	每日 8 小時之外：30 元/小時，最多加班 6 小時	每週最多工作 6 天，即每週最多工作 84 小時
設備（臺）	使用費：20/小時。閒置維修費：5/小時			
產品銷售價	35 萬元/艘			

附錄 6　　　　　　　過去一年該企業產品的部分市場需求　　　　　　單位：艘/周

31	31	30	40	27	41	31	37	29	31	37	31	40	29	31
39	29	39	42	35	31	38	27	30	34	39	36	38	30	30
30	31	47	40	40	30	36	31	40	24					

附錄 7　　　　　　　原材料庫存費用、進貨費用表

庫存費用	40 元/套	
進貨費用	進貨費用：12 萬元/次	原材料價格：8 萬元/套 註：一次購買 40 套以上，價格可優惠至 9.8 折 　　一次購買 50 套以上，價格可優惠至 9.5 折 　　一次購買 60 套以上，價格可優惠至 8.0 折

註：1 套原材料是指能生產 1 艘輪船的原材料數量

2015 年　膝關節生物力學分析問題

膝關節由股骨踝、脛骨平臺、腓骨、髖骨、韌帶、半月板、關節軟骨、肌肉等共同組成，其運動是很複雜的。

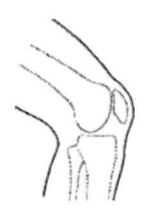

1. 膝關節力量的測試分析
等速測試中峰力矩指標是肌肉力量的體現。

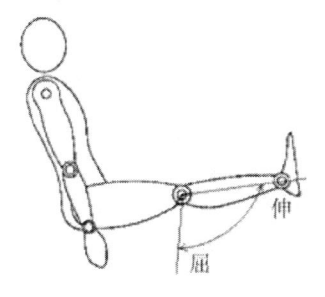

採用 CON-TREX 等速測力系統採集實驗數據：選擇膝屈/伸兩個實驗項目，進行四種方案測試：靜止 130°用力、運動 60°/s、180°/s、300°/s，分別進行 5 次。測試者上身進行固定，要求雙手握住兩側扶手，測試時必須用盡全力。

測試數據見文件：data1。數據項包括：測試者編號、性別（1 男 2 女）、年齡、身

高、體重、左/右腿（1左2右）、屈/伸（1伸2屈）、靜止130°峰力矩、60°/s峰力矩、60°/s峰力矩角度、180°/s峰力矩、180°/s峰力矩角度、300°/s峰力矩、300°/s峰力矩角度。

試分析測試數據有哪些特徵，即：峰力矩的值與哪些因素有關，以及關係的強弱。

2. 膝關節承重分析

在體重負荷下，脛股關節接觸力隨屈膝角度增大而增加。有資料顯示，人體屈膝30°，膝關節承受的壓力和體重相等；屈膝60°，膝關節承受的壓力是體重的4倍；屈膝90°，膝關節承受的壓力是體重的6倍。

事實上，膝關節所承受的壓力不僅與屈膝角度有關，也與身體各部位（軀干、小腿等）的傾斜度有關。試建立數學模型，分析在體重負荷、靜止、雙脚支撑狀況下，脛股關節接觸力與屈膝角度、身體各部位傾斜度的關係，確定最大脛股關節接觸力及對應的屈膝角度、小腿等的傾斜度，並說明上段說法是否正確（可在一定誤差下）。

3. 臺階運動對膝關節的影響

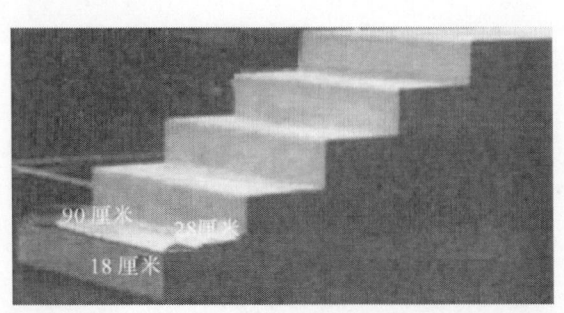

爬樓梯屬於負重運動，上下臺階時下肢各關節的運動幅度、關節負荷以及肌肉活動等均與在平地上靜止、行走有差異，膝關節起主要承重和緩衝作用。

有資料顯示，正常人在爬樓梯時膝關節承受的壓力會在瞬間增加 3 倍。即，一位體重為 70 千克的人在爬樓梯時其兩側膝關節所承受的壓力則高達 280 千克。同時，爬樓梯速度越快，膝關節承受的壓力就越大。

考察臺階：長 90 厘米、寬 28 厘米、高 18 厘米。測試者：170 厘米、70 千克。速度：96 步/分。試建立數學模型，分析上下臺階時，脛股關節接觸力與上下樓梯時腿部動作、速度等的關係。分析上下樓梯是否有差異、上下樓梯最大膝關節壓力各是多少、平均膝關節壓力各是多少，並說明上段說法是否正確。

4. 運動對膝關節的影響

若時間容許的話，請選取步行（如快步走）、武術（如太極拳）、球類（如籃球）、田徑（如跳遠）等一個或多個運動項目，對運動對膝關節的影響進行進一步討論。

2016 年　貨運列車編組運輸問題

貨運列車編組調度的科學性和合理性直接影響著貨物運輸的效率。請根據問題設定和相關數據依次研究解決下列問題：

1. 假設從甲地到乙地每天有 5 種類型的貨物需要運輸，每種類型貨物包裝箱的相關參數見附錄 1。每天有一列貨運列車從甲地發往乙地，該列車由 1 節 I 型車廂和 2 節 II 型車廂編組。I 型車廂為單層平板車，II 型車廂為雙層箱式貨車，這兩種車廂的規格見附錄 2。貨物在車廂中必須按占用車廂長度最小方式放置（比如：A 類貨物占用車廂長度只能是 2.81 米，不能是 3 米；再比如：一節車廂中 B 類貨物裝載量為 2 件時，必須並排放置占用長度 2.22 米，裝載量為 3 件時，占用長度 3.72 米），不允許貨物重疊放置；II 型箱式車廂下層裝載貨物后剩餘長度小於或等於 0.2 米，才能在上層放置貨物。試設計運輸貨物數量最多的條件下，運輸總重量最小的裝運方案。

2. 如果現有 B、C、E 三種類型的貨物各 68、50、41 件，試設計一個使用車廂數量最少的編組方案將貨物運輸完畢。由於整個鐵路系統 I 型車廂較多，要求在編組中 I 型車廂的數量多於 II 型車廂數量，II 型箱式車廂下層裝載貨物后剩餘長度小於或等於 5 米，才能在上層放置貨物，貨物裝車其他規則同問題 1。若 B、C、E 三種類型的貨物各有 48、42、52 件，請重新編組。

3. 從甲地到乙地每天上午和下午各發送一列由 I 型車廂編組的貨運列車，每列火車開行的固定成本為 30 000 元，每加掛一節車廂的可變成本為 1 500 元。為了裝卸的方便，鐵路部門擬將貨物放置到長、寬、高分別為 4 米、3 米及 1.99 米的集裝箱中運輸，每個集裝箱的總重量不超過 18 噸，集裝箱的運費為 1 000 元/個。每天需要運輸的集裝箱數量是隨機的，附錄 3 給出了過去最近 100 天上午和下午分別需要運輸的集裝箱的數量。上午的需求如果不能由上午開行列車運輸，鐵路部門要支付 50 元/個的庫存費用；下午列車開行后如果還有剩餘集裝箱，鐵路部門將支付 200 元/個的賠償費，轉而利用

其他運輸方式運輸。試製定兩列火車的最佳編組方案。

4. 附錄 4 給出了某鐵路網線情況的說明，從車站 A 到其他站點的潛在集裝箱運輸需求量見附錄 5，集裝箱規格同第 3 問（鐵路部門沒有義務把集裝箱全部運輸完畢）。每天鐵路部門將以 A 站為起點、以 F 站為終點，沿不同的路線開行若幹趟貨運列車，全部用Ⅰ型車廂編組，每列火車最大編組量為 40 節車廂。每列火車列車開行的固定成本為 15 000 元，每節車廂開行的可變成本為 1 元/千米，每個集裝箱的運費為 2 元/千米（集裝箱的運費按兩個車站之間的最短鐵路距離計費），請為鐵路部門設計一個編組運輸方案。

5. 附錄 6 給出了每天各個車站之間潛在的集裝箱運輸量，鐵路部門每天從 A 站用Ⅰ型車廂編組開行到 F 站的若幹趟貨運列車，鐵路網線及費用設定同問題 4，請為鐵路部門設計一個編組運輸方案。

附錄 1　　　　　　　　　　　貨物包裝箱相關參數

貨物類型	長度（米）	寬度（米）	高度（米）	重量（噸）	數量（件）
A	2.81	3	1.32	5.5	7
B	2.22	1.5	1.35	10.5	6
C	1.71	3	0.9	9	5
D	2.62	3	1.1	8	7
E	2.53	3	1.2	7.5	6

附錄 2　　　　　　　　　　　火車車廂相關參數

車廂類型	長度（米）	寬度（米）	下層高度（米）	上層高度（米）	載重量（噸）
Ⅰ型	12.5	3	2.5	——	55
Ⅱ型	15	3	1.4	1.3	70

附錄 3：

近 100 天上午集裝箱數量：

149	100	106	132	97	102	97	123	124	97
103	130	146	144	108	110	106	133	144	99
128	98	133	101	95	100	144	111	103	106
125	105	112	150	105	144	94	122	148	137
103	140	121	146	148	132	120	115	117	103
93	128	127	137	100	121	149	126	130	144
93	117	95	91	122	125	120	135	98	91

134	107	143	143	146	115	109	139	107	97
111	141	149	112	101	111	131	140	144	130
95	108	139	142	117	115	122	136	129	90

近 100 天下午集裝箱數量：

128	137	115	106	133	56	93	95	113	66
155	105	89	108	131	107	98	122	102	102
104	109	106	97	105	87	86	125	124	165
73	82	121	82	119	61	86	113	62	116
73	87	83	136	102	75	106	93	124	97
121	119	103	121	68	84	108	111	92	88
113	85	78	112	90	80	116	75	107	88
92	125	111	91	99	113	98	110	92	80
75	101	85	98	69	61	103	85	112	128
101	102	90	82	111	118	128	88	85	47

附錄 4　　　　　　　　　　鐵路網線說明

鐵路網上火車站點名稱表

編號	火車站點名稱	X 坐標（千米）	Y 坐標（千米）
1	A	0	0
2	B1	111.1	141.1
3	B2	0.00	−111.1
4	C1	157.9	142.5
5	C2	228.4	55.9
6	C3	220.7	−28.6
7	C4	148.1	−191.4
8	D1	342.9	74.1
9	D2	363.7	−5.6
10	D3	329.7	−107.6
11	E1	429.8	108.1
12	E2	410.7	5.7
13	E3	442.9	−38.6
14	F	519.6	0

站點之間的鐵路連接表（直接連接不通過其他站點）

注意：鐵路線路為單向行駛，即火車只能從起點至終點，不能從終點至起點。

編號	鐵路線起點站點	鐵路線終點站點	鐵路線長度（千米）
1	A	B1	250
2	A	B2	150
3	B1	C1	50
4	B1	C2	150
5	B1	C3	300
6	B2	C2	400
7	B2	C3	350
8	B2	C4	300
9	C1	D1	300
10	C1	D2	400
11	C2	D1	150
12	C2	D2	250
13	C3	D2	150
14	C3	D3	150
15	C4	D2	400
16	C4	D3	200
17	D1	E1	100
18	D1	E2	100
19	D2	E2	50
20	D2	E3	100
21	D3	E2	150
22	D3	E3	150
23	E1	F	200
24	E2	F	150
25	E3	F	100

附錄 5　　　　　各地集裝箱運輸需求量　　　　　單位：件

B1	B2	C1	C2	C3	C4	D1	D2	D3	E1	E2	E3	F
58	39	80	54	14	71	82	63	54	23	72	69	72

附錄6　　　　　　　　　　各地集裝箱運輸需求量　　　　　　　　　　單位：件

起點站	A	A	A	D2	B1	D3	C2	C1	C4	D1	B2	A
終點站	C1	E3	D1	E3	D2	E2	E1	E1	E3	F	F	C3
運輸量	10	44	96	4	71	32	19	68	34	22	15	22
起點站	A	C3	C1	D1	A	C1	B2	B2	B2			
終點站	F	D2	D1	E2	B1	E3	E1	E2	E3			
運輸量	56	28	30	89	57	93	99	57	49			

國家圖書館出版品預行編目(CIP)資料

經濟模型與MATLAB應用 / 孫雲龍、唐小英 主編. -- 第一版.
-- 臺北市：崧燁文化，2018.08

　面　；　公分

ISBN 978-957-681-432-7(平裝)

1.Matlab(電腦程式) 2.數學

312.49M384　　　　107012253

書　名：經濟模型與MATLAB應用
作　者：孫雲龍、唐小英 主編
發行人：黃振庭
出版者：崧燁文化事業有限公司
發行者：崧燁文化事業有限公司
E-mail：sonbookservice@gmail.com
粉絲頁　　　　　　　網　址
地　址：台北市中正區重慶南路一段六十一號八樓815室
8F.-815, No.61, Sec. 1, Chongqing S. Rd., Zhongzheng Dist., Taipei City 100, Taiwan (R.O.C.)
電　話：(02)2370-3310　傳　真：(02) 2370-3210
總經銷：紅螞蟻圖書有限公司
地　址：台北市內湖區舊宗路二段121巷19號
電　話：02-2795-3656　　傳真：02-2795-4100　網址：
印　刷：京峯彩色印刷有限公司（京峰數位）

　　　本書版權為西南財經大學出版社所有授權崧博出版事業股份有限公司獨家發行電子書繁體字版。若有其他相關權利需授權請與西南財經大學出版社聯繫，經本公司授權後方得行使相關權利。

定價：450 元
發行日期：2018 年 8 月第一版
◎ 本書以POD印製發行